建筑材料试验指导书

主 编 熊出华 何丽红

主 审 郭 鹏

西南交通大学出版社
·成 都·

图书在版编目（ＣＩＰ）数据

建筑材料试验指导书／熊出华，何丽红主编. —成都：西南交通大学出版社，2023.4

ISBN 978-7-5643-9205-5

Ⅰ. ①建… Ⅱ. ①熊… ②何… Ⅲ. ①建筑材料 – 材料试验 – 高等学校 – 教材 Ⅳ. ①TU502

中国国家版本馆 CIP 数据核字（2023）第 047860 号

Jianzhu Cailiao Shiyan Zhidaoshu
建筑材料试验指导书

主　编／熊出华　何丽红

责任编辑／姜锡伟
封面设计／原谋书装

西南交通大学出版社出版发行

（四川省成都市金牛区二环路北一段 111 号西南交通大学创新大厦 21 楼　610031）
发行部电话：028-87600564　028-87600533
网址：http://www.xnjdcbs.com
印刷：成都蜀通印务有限责任公司

成品尺寸　185 mm×260 mm
印张　6.75　字数　149 千
版次　2023 年 4 月第 1 版　印次　2023 年 4 月第 1 次

书号　ISBN 978-7-5643-9205-5
定价　20.00 元

建筑材料课程是土木工程及相关专业的专业基础课。作为课程实践的重要组成部分，建筑材料试验在培养学生掌握理论知识、提升试验操作水平和团队协作能力等方面发挥着不可替代的作用。随着高等学校土木工程及相关专业教学改革的持续推进，建筑材料试验教学改革不断深入，亟待从知识、能力和素质等方面全面加强对学生的培养。本教材立足试验知识，以提升能力和素质为目标，可作为高等学校土木工程及相关专业的试验指导用书。

本教材共分为三部分。第一部分为基础知识，奠定试验基本知识；第二部分为土木工程及相关专业中常见的建筑材料试验，包括集料和石料、水泥、混凝土、沥青和沥青混合料等，供学生掌握常用建筑材料的试验方法；第三部分为试验报告册，供学生撰写和提交教学资料。每章附有针对性的思考题，可帮助学生进一步巩固和提升。

本教材紧密结合课程教改趋势，针对建筑材料课程学时不断压缩的特点，对试验项目做了精简优化；密切追踪最新技术和标准，内容实时更新，具有较强的针对性和实用价值。

本教材由重庆交通大学熊出华副教授、何丽红教授编写，全书由熊出华统稿，郭鹏主审。重庆交大建设工程质量检测中心有限公司张云春、王碉、王冠等工程师参与了部分试验跟踪和编写工作，桑琦、袁欣怡、秦晨曦等研究生参与了规范收集、教材校对等工作，重庆交通大学材料实验中心全体教师对本书的编写大纲提出了宝贵意见。在此一并表示衷心的感谢！

由于编者水平有限，书中不妥及疏漏之处在所难免，恳请广大师生和读者不吝赐教。

编 者

2023 年 2 月

CONTENTS \ 目 录

1 基础知识

1.1 数值修约

测量值——试验或检测过程中直接获得的原始数据（又称原数值）。原数值一般包括若干位数字，其中最后一位是估读数，准确度不高。因此需要对原数值进行修约处理，以获得可靠的试验检测结果，从而确保工程质量评价效果。

修约值——原数值经过修约处理后得到的值。修约就是指通过省略原数值的最后若干位数字，同时对所保留的末位数字进行相应调整，使最后所得数值（修约值）最接近原数值的过程。比如，将 3.542 mm 修约为 3.5 mm，其过程不仅省略原数值的"42"数字，同时保留的末位数字"5"维持不变。

数值修约规则可概括为"四舍六入五看看，五后非零要进一，五后皆零尾变偶"，具体情形见表 1-1。

表 1-1　数值修约规则

情形	规　　则	示　　例	口　　诀
1	拟省略（舍弃）数字的最左一位数字小于 5，则保留的末位数字维持不变	如 3.542 修约为 3.5	四舍
2	拟省略（舍弃）数字的最左一位数字大于 5，则保留的末位数字进一	如 3.562 修约为 3.6	六入
3	拟省略（舍弃）数字的最左一位数字等于 5 且其后有非 0 数字，则保留的末位数字进一	如 3.552 修约为 3.6	五后非零要进一
4	拟省略（舍弃）数字的最左一位数字等于 5 且其后无数字或皆为 0，则保留的末位数字变成偶数（奇进偶不进）	如 3.550 修约为 3.6 如 3.650 修约为 3.6	五后皆零尾变偶

有效数字——从一个数的左边第一个非零数字起，直至末位数字为止的所有数字称为有效数字。比如，0.3542 的有效数字有 4 个，分别是 3、5、4、2。

有效数字运算规则如下：

（1）加减计算。以小数点后位数最少的数据为基准，其他数据和计算结果均修约到该基准的位数。比如，20.1+4.12+0.583=20.1+4.1+0.6=24.8。

（2）乘除计算。以有效数字位数最少的数据为基准，其他数据和计算结果均修约到该基准的位数。比如，0.0121×20.48×3.0568=0.0121×20.5×3.06=0.759。

1.2 极限数值的表示和判定

极限数值——标准中规定考核的以数量形式给出且符合该标准要求的指标数值范围的界限值。比如，水泥实测抗折强度≥5 MPa，其中"5 MPa"就是极限数值。为了判定测试结果及进行工程质量评定，有必要熟悉和理解极限数值的表达方法。标准中极限数值通常以最小极限值和（或）最大极限值，或基本数值与极限偏差值等方式表达。标准中极限数值的表示形式及书写位数应适当，其有效数字应全部写出。极限数值的主要表达方式见表1-2。

表1-2 极限数值的表示方式

情形	符号	基本用语	备　注
1	$\geq A$	大于或等于 A	测量值或计算值等于 A 值时满足要求
2	$>A$	大于 A	测量值或计算值等于 A 值时不满足要求
3	$\leq A$	小于或等于 A	测量值或计算值等于 A 值时满足要求
4	$<A$	小于 A	测量值或计算值等于 A 值时不满足要求
5	$A\leq X\leq B$	大于或等于 A 且小于或等于 B（从 A 到 B）	测量值或计算值等于 A 值或 B 值时满足要求
6	$A<X\leq B$	大于 A 且小于或等于 B（超过 A 到 B）	测量值或计算值等于 A 值时不满足要求，等于 B 值时满足要求
7	$A\leq X<B$	大于或等于 A 且小于 B（至少 A 不足 B）	测量值或计算值等于 A 值时满足要求，等于 B 值时不满足要求
8	$A<X<B$	大于 A 且小于 B（超过 A 不足 B）	测量值或计算值等于 A 值或 B 值时均不满足要求

备注：X——考察指标；A、B——极限值。

除了表1-2中极限数值的基本用语和组合表达外，还有含偏差值的极限数值表达方式。具体情形如下：

（1）$A_{-b_2}^{+b_1}$。由基本数值 A 带有绝对极限上偏差值$+b_1$和绝对极限下偏差值$-b_2$组成，其含义是指从 $A-b_2\leq X\leq A+b_1$。当 $b_1=b_2=b$ 时，$A_{-b_2}^{+b_1}$ 可简写为 $A\pm b$。比如，40_{-1}^{+1} mm[或（40±1）mm]是指从 39 mm 到 41 mm 满足要求。

（2）$A_{-b_2}^{+b_1}$%。由基本数值 A 带有相对极限上偏差值$+b_1$%和相对极限下偏差值$-b_2$%组成，其含义是指从 $A(1-b_2\%)\leq X\leq A(1+b_1\%)$。当 $b_1=b_2=b$ 时，$A_{-b_2}^{+b_1}$% 可简写为 $A(1\pm b\%)$。比如，40 mm（1±2%）是指从 39.2 mm 到 40.8 mm 满足要求。

（3）$A^{+b_1}_{-b_2}$（不含 b_1 和 b_2）或 $A^{+b_1}_{-b_2}$（不含 b_1）、$A^{+b_1}_{-b_2}$（不含 b_2）。在 $A^{+b_1}_{-b_2}$ 的基础上附加括号，括号中包含对极限上偏差值和极限下偏差值是否满足要求的描述，其含义是指 $A-b_2<X<A+b_1$ 或 $A-b_2\leq X<A+b_1$、$A-b_2<X\leq A+b_1$。比如 40^{+2}_{-1} mm（不含 2）是指至少 39 mm 不足 42 mm 满足要求。再比如，40 mm（1±2%）（不含 2%）是指至少 39.2 mm 不足 40.8 mm 满足要求。

1.3　测量误差

由于环境条件、测量仪器、测量方法和操作人员水平等诸多因素影响，试验测量结果都会与真实值之间存在一定的偏差。测量值 X 与真实值 X_0 之间的这一差值 Y 称为测量误差，两者关系为：

$$X_0 = X + Y \tag{1-1}$$

大量实践表明，一切试验测量结果都具有测量误差。了解和熟悉测量误差知识，一方面能够帮助我们分析误差产生原因，从而采取对应措施加以消除；另一方面有助于我们科学地处理测量数据，使测量结果最大限度地反映真实值。因此，无论测量操作还是数据处理，都是与误差概念分不开的。

测量误差一般可以分为三类：系统误差、过失误差和随机误差。系统误差是指人机系统产生，由一定原因引起的，在相同条件下测量结果往往朝一个方向偏离的误差，有时称之为恒定误差。随机误差是由不能预料、不能控制的原因造成的，测量结果时大时小、时正时负，带有偶然性，有时称之为偶然误差。多次重复测定发现，随机误差具有统计规律性，即服从正态分布。过失误差也叫错误，是一种与事实不符的显然误差。上述三种误差具体情况见表 1-3。

表 1-3　测量误差种类

类别	特点	影响因素
系统误差	有明显规律，可消除或降低	仪器误差（结构不完善、刻度不准、样品不符合要求等）；人为误差（分辨力、固有习惯等）；环境误差（温度、湿度等）；方法误差（理论缺陷、引用公式、实验室条件达不到等）；试剂误差（成分不纯等）
随机误差（偶然误差）	无明显规律，不可消除或降低	试验者（最小分度值估读等）；测量仪器（部件指示、使用年久等）；条件控制（温度变动等）
过失误差	与事实不符，不允许存在	试验者操作不对、仪器放置不稳、读错数据或计算错误等

误差的表示方法有三种：极差、绝对误差和相对误差。极差是指测量最大值和最小值之差。绝对误差是指测量值与真实值之间的差异。相对误差是指绝对误差与真实值之间的比值。其中，绝对误差和相对误差是误差理论的基础，在测量中应用广泛。由于数据的精确度与测量值本身也有很大的关系，因此采用相对误差更为合理。

? 思考题

（1）为什么要对测试结果进行修约？简述数值修约规则。

（2）如何进行有效数字的加减和乘除运算？

（3）极限数值的常见表示方式有哪几种？ 50^{+2}_{-1} mm 的含义是什么？

（4）简述测量误差的定义、种类和区别。

（5）试验测试过程中的测量误差是怎样产生的？应如何消除或减少？

2 集料和石料试验

2.1 粗集料筛分

2.1.1 目的与适用范围

测定粗集料（碎石、砾石、矿渣等）的颗粒组成。对水泥混凝土用粗集料可采用干筛法筛分，对沥青混合料及基层用粗集料必须采用水洗法试验。

本方法也适用于同时含有粗集料、细集料、矿粉和集料的混合料的筛分试验，如未筛碎石、级配碎石、天然砂砾、级配砂砾、无机结合料稳定基层材料、沥青拌和楼的冷料混合料、热料仓材料、沥青混合料经溶剂抽提后的矿料等。

2.1.2 仪具与材料

（1）试验筛：根据需要选用规定的标准筛。

（2）摇筛机。

（3）天平或台秤：感量不大于试样质量的 0.1%。

（4）其他：盘子、铲子、毛刷等。

2.1.3 试验准备

按规定将来料用分料器或四分法缩分至表 2-1 要求的试样所需量，风干后备用。根据需要可按要求的集料最大粒径的筛孔尺寸过筛，除去超粒径部分颗粒后，再进行筛分。

表 2-1　筛分用的试样质量

公称最大粒径/mm	75	63	37.5	31.5	26.5	19	16	9.5	4.75
试样质量不小于/kg	10	8	5	4	2.2	2	1	1	0.5

2.1.4 试验步骤

1. 干筛法（水泥混凝土用）

（1）取试样一份置于 105 ℃±5 ℃烘箱中烘干至恒重，称取干燥集料试样的总质量

（m_0），准确至 0.1%。

> 注：恒重系指在相邻 2 次称量间隔时间大于 3 h（通常不少于 6 h）的情况下，前后 2 次称量之差小于该项试验所要求的称量精密度。下同。

（2）用搪瓷盘作筛分容器，按筛孔大小排列顺序逐个将集料过筛。人工筛分时，需使集料在筛面上同时有水平方向及上下方向的不停顿的运动，使小于筛孔的集料通过筛孔，直至 1min 内通过筛孔的质量小于筛上残余量的 0.1% 为止；当采用摇筛机筛分时，应在摇筛机筛分后再逐个由人工补筛。将筛出通过的颗粒并入下一号筛，和下一号筛中的试样一起过筛，顺序进行，直至各号筛全部筛完为止。应确认 1min 内通过筛孔的质量确实小于筛上残余量的 0.1%。

> 注：由于 0.075 mm 干筛几乎不能把沾在粗集料表面的小于 0.075 mm 的石粉筛去，而且对水泥混凝土用粗集料而言，0.075 mm 通过率意义不大，所以也可以不筛，且把通过 0.15 mm 筛的筛下部分全部作为 0.075 mm 的分计筛余，将粗集料的 0.075 mm 通过率假设为 0。

（3）如果某个筛上的集料过多，影响筛分作业，则可以分两次筛分。当筛余颗粒的粒径大于 19 mm 时，筛分过程中允许用手指轻轻拨动颗粒，但不得逐颗塞过筛孔。

（4）称取每个筛上的筛余量，准确至总质量的 0.1%。各筛分计筛余量及筛底存量的总和与筛分前试样的干燥总质量 m_0 相比，相差不得超过 m_0 的 0.5%。

2. 水洗法（沥青混合料及基层用）

（1）取一份试样，将试样置于 105 ℃±5 ℃烘箱中烘干至恒重，称取干燥集料试样的总质量（m_3），准确至 0.1%。

（2）将试样置于一洁净容器中，加入足够数量的洁净水，将集料全部淹没，但不得使用任何洗涤剂、分散剂或表面活性剂。

（3）用搅棒充分搅动集料，使集料表面洗涤干净、细粉悬浮在水中，但不得破碎集料或有集料从水中溅出。

（4）根据集料粒径大小选择组成一组套筛，其底部为 0.075 mm 标准筛，上部为 2.36 mm 或 4.75 mm 筛。仔细将容器中混有细粉的悬浮液倒出，经过套筛流入另一容器中，尽量不将粗集料倒出，以免损坏标准筛筛面。

（5）重复（2）~（4）步骤，直至倒出的水洁净为止，必要时可采用水流缓慢冲洗。

（6）将套筛每个筛子上的集料及容器中的集料全部回收在一个搪瓷盘中，容器上不得有沾附的集料颗粒。

（7）在确保细粉不散失的前提下，小心泌去搪瓷盘中的积水，将搪瓷盘连同集料一起置于 105 ℃±5 ℃烘箱中烘干至恒重，称取干燥集料试样的总质量（m_4），准确至 0.1%。以 m_3 与 m_4 之差作为 0.075 mm 的筛下部分。

（8）将回收的干燥集料按干筛方法筛分出 0.075 mm 筛以上各筛的筛余量，此时 0.075 mm 筛下部分应为 0；如果尚能筛出，则应将其并入水洗得到的 0.075 mm 筛下部分，且表示水洗得不干净。

2.1.5　干筛法结果计算

（1）计算损耗和损耗率，记入筛分记录表中。若损耗率大于 0.3%，应重新进行试验。损耗是指各筛分计筛余量及筛底存量之和与筛分前试样干燥总质量 m_0 的差值，按式（2-1）计算；损耗率是指损耗占筛分前试样干燥总质量 m_0 的比例。

$$m_5 = m_0 - (\sum m_i + m_{底}) \tag{2-1}$$

式中：m_5——由于筛分造成的损耗（g）；

m_0——用于干筛的干燥集料总质量（g）；

m_i——各筛上的分计筛余（g）；

i——依次为 0.075 mm、0.15 mm……至集料最大粒径的顺序；

$m_{底}$——筛底（0.075 mm 以下部分）集料总质量（g）。

（2）分计筛余百分率。各筛上的分计筛余百分率按式（2-2）计算，记入筛分记录表中，精确至 0.1%。

$$P_i' = \frac{m_i}{m_0 - m_5} \times 100 \tag{2-2}$$

式中：P_i'——各号筛上的分计筛分百分率（%）；

m_i——各号筛上的分计筛余（g）；

i——依次为 0.075 mm、0.15 mm……至集料最大粒径的顺序；

m_0——用于干筛的干燥集料总质量（g）；

m_5——由于筛分造成的损耗（g）。

（3）累计筛余百分率。各号筛的累计筛余百分率为该筛以上各筛的分计筛余百分率之和，记入筛分记录表中，精确至 0.1%。

（4）质量通过百分率。各号筛的质量通过百分率 P_i 等于 100 减去该号筛累计筛余百分率，记入筛分记录表中，精确至 0.1%。

（5）由筛底存量除以扣除损耗后的集料干燥总质量计算 0.075 mm 筛的通过率 $P_{0.075}$。

（6）试验结果以两次试验的平均值表示，计入筛分记录表中，精确至 0.1%。当两次试验结果 $P_{0.075}$ 的差值超过 1% 时，试验应重新进行。粗集料干筛法试验记录见表 2-2。

表 2-2　粗集料干筛法试验记录

集料名称									试验编号	
试验依据									试验条件	
主要仪器设备										
干燥试样总量 m_0/g	第一组				第二组					平均
	3000				3000					
筛孔尺寸/mm	筛上质量 m_i/g	分计筛余百分率/%	累计筛余百分率/%	通过百分率/%	筛上质量 m_i/g	分计筛余百分率/%	累计筛余百分率/%	通过百分率/%		通过百分率/%
	（1）	（2）	（3）	（4）	（5）	（6）	（7）	（8）		（9）
19										
16										
13.2										
9.5										
4.75										
2.36										
1.18										
0.6										
0.3										
0.15										
0.075										
筛底 $m_底$										
筛分后总量 $\sum m_i g$										
损耗 m_5/g										
损耗率/%										

2.1.6　水洗法结果计算

（1）按式（2-3）和式（2-4）计算 0.075 mm 筛下部分质量 $m_{0.075}$ 和 0.075 mm 通过率 $P_{0.075}$，记入筛分记录表中，精确至 0.1%。当两次试验结果 $P_{0.075}$ 的差值超过 1%时，应重新进行试验。

$$m_{0.075} = m_3 - m_4 \tag{2-3}$$

$$P_{0.075} = \frac{m_3 - m_4}{m_3} \times 100 \tag{2-4}$$

式中：$P_{0.075}$——粗集料中小于 0.075 mm 的含量（通过率）（%）；

　　　$m_{0.075}$——粗集料中水洗得到的小于 0.075 mm 部分的质量（g）；

m_3——用于水洗的干燥粗集料总质量（g）；

m_4——水洗后干燥粗集料总质量（g）。

（2）计算筛分时的损耗，并计算损耗率，记入筛分记录表中。若损耗率大于 0.3%，应重新进行试验。损耗是指各筛分计筛余量及筛底存量之和与筛分前试样干燥总质量 m_0 的差值，按式（2-5）计算；损耗率是指损耗占筛分前试样干燥总质量 m_0 的比例。

$$m_5 = m_3 - \left(\sum m_i + m_{0.075} \right) \tag{2-5}$$

式中：m_5——由于筛分造成的损耗（g）；

m_3——用于水筛筛分的干燥集料总质量（g）；

m_i——各号筛上的分计筛余（g）；

i——依次为 0.075 mm、0.15 mm……至集料最大粒径的顺序；

$m_{0.075}$——水洗后得到的 0.075 mm 以下部分质量（g），即 m_3-m_4。

（3）计算其他各筛的分计筛余百分率、累计筛余百分率和通过百分率，计算方法与 2.1.5 干筛法相同。当采用干筛并有筛分损耗时，应按 2.1.5 的方法从总质量中扣除损耗部分，将计算结果记入筛分记录表中。

（4）试验结果以两次试验的平均值表示，记入筛分记录表中。粗集料水洗法试验记录见表 2-3。

表 2-3　粗集料水洗法试验记录

集料名称					试验编号				
试验依据					试验条件				
主要仪器设备									
集料干燥总量 m_3/g		第一组				第二组			
		3000				3000			平均
水洗后筛上总量 m_4/g									
水洗后 0.075 mm 筛下质量 $m_{0.075}$/g									
0.075 mm 通过率 $P_{0.075}$/%									
筛孔尺寸/mm		筛上质量 m_i/g	分计筛余百分率/%	累计筛余百分率/%	通过百分率/%	筛上质量 m_i/g	分计筛余百分率/%	累计筛余百分率/%	通过百分率/%	通过百分率/%
水洗后干筛法筛分	19									
	16									
	13.2									
	9.5									
	4.75									
	2.36									

续表

水洗后干筛法筛分	1.18						
	0.6						
	0.3						
	0.15						
	0.075						
	筛底 $m_{底}^{*}$ /g						
	干筛后总量 $\sum m_i$ /g						
损耗 m_5/g							
损耗率/%							
扣除损耗后总量/g							

* 如筛底 $m_{底}$ 的值不是 0，应将其并入 $m_{0.075}$ 中重新计算 $P_{0.075}$。

2.1.7 试验报告

（1）筛分结果以各筛孔的质量通过百分率表示，宜记录为表 2-2 和表 2-3 的格式。

（2）对用于沥青混合料、基层材料配合比设计用的集料，宜绘制集料筛分曲线，其横坐标为筛孔尺寸的 0.45 次方（表 2-4），纵坐标为普通坐标，如图 2-1 所示。

表 2-4　级配曲线的横坐标（按 $X = d_i^{0.45}$ 计算）

筛孔 d_i/mm	0.075	0.15	0.3	0.6	1.18	2.36	4.75
横坐标	0.312	0.426	0.582	0.795	1.077	1.472	2.016
筛孔 d_i/mm	9.5	13.2	16	19	26.5	31.5	37.5
横坐标	2.745	3.193	3.482	3.762	4.370	4.723	5.109

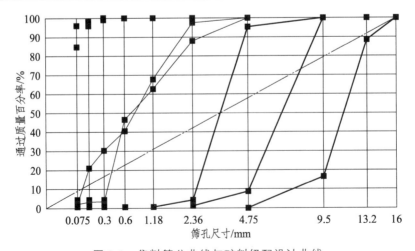

图 2-1　集料筛分曲线与矿料级配设计曲线

（3）同一种集料至少取两个试样平行试验两次，取平均值作为各号筛筛余量的试验结果，报告集料级配组成通过百分率和级配曲线。

2.2 粗集料密度及吸水率（网篮法）

2.2.1 目的与适用范围

本方法适用于测定各种粗集料的表观相对密度、表干相对密度、毛体积相对密度、表观密度、表干密度、毛体积密度以及粗集料的吸水率。

2.2.2 仪具与材料

（1）天平或浸水天平：可悬挂吊篮测定集料的水中质量，称量应满足试样数量称量要求，感量不大于最大称量的 0.05%。

（2）吊篮：由耐锈蚀材料制成，直径和高度为 150 mm 左右，四周及底部用 1 mm~2 mm 的筛网编制或具有密集的孔眼。

（3）溢流水槽：在称量水中质量时能保持水面高度一致。

（4）烘箱：能控温在 105 ℃±5 ℃。

（5）毛巾：纯棉制，洁净，也可用纯棉的汗衫代替。

（6）其他：温度计、标准筛、盛水容器（如搪瓷盘）、刷子等。

2.2.3 试验准备

（1）将试样用标准筛过筛除去其中的细集料。对较粗的粗集料可用 4.75 mm 筛过筛；对 2.36 mm~4.75 mm 的集料，或者混在 4.75 mm 以下石屑中的粗集料，则用 2.36 mm 标准筛过筛。将试样用四分法或分料器法缩分至要求的质量，分两份备用。对沥青路面用粗集料，应对不同规格的集料分别测定，不得混杂，所取的每一份集料试样应基本上保持原有的级配。在测定 2.36 mm~4.75 mm 的粗集料时，试验过程中应特别小心，不得丢失集料。

（2）经缩分后供测定密度和吸水率的粗集料质量应符合表 2-5 的规定。

表 2-5　测定密度所需要的试样最小质量

公称最大粒径/mm	75	63	37.5	31.5	26.5	19	16	9.5	4.75
试样最小质量/kg	3	3	2	1.5	1.5	1	1	1	0.8

（3）将每一份集料试样浸泡在水中，并适当搅动，仔细洗去附在集料表面的尘土和石粉，经多次漂洗干净至水完全清澈为止。清洗过程中不得散失集料颗粒。

2.2.4 试验步骤

（1）取试样一份装入干净的搪瓷盘中，注入洁净的水，水面至少高出试样 20 mm，轻轻搅动石料，使附着在石料上的气泡完全逸出。在室温下保持浸水 24 h。

（2）将吊篮挂在天平的吊钩上，浸入溢流水槽中，向溢流槽中注水，水面高度至水槽的溢流孔，将天平调零。吊篮的筛网应保证集料不会通过筛孔流失，对 2.36 mm~4.75 mm 粗集料应更换小孔筛网，或在网篮中放一个浅盘。

（3）调节水温在 15 ℃~25 ℃ 范围内。将试样移入吊篮中。溢流水槽中的水面高度由水槽的溢流孔控制，维持不变。称取集料的水中质量（m_w）。

（4）提起吊篮，稍稍滴水后，较粗的粗集料可以直接倒在拧干的湿毛巾上。将较细的粗集料（2.36 mm~4.75 mm）连同浅盘一起取出，稍稍倾斜搪瓷盘，仔细倒出余水，将粗集料倒在拧干的湿毛巾上，用毛巾吸走从集料中漏出的自由水。此步骤需特别注意不得有颗粒丢失，或有小颗粒沾附在吊篮上。再用拧干的湿毛巾轻轻擦干集料颗粒的表面水，至表面看不到发亮的水迹，即为饱和面干状态。当粗集料尺寸较大时，宜逐颗擦干。注意：对较粗的粗集料，拧湿毛巾时不要太用力，防止拧得太干；对较细的含水较多的粗集料，毛巾可拧得稍干些。擦颗粒的表面水时，既要将表面水擦掉，又千万不能将颗粒内部的水吸出。整个过程中不得有集料丢失，且已擦干的集料不得继续在空气中放置，以防止集料干燥。

注：对 2.36 mm~4.75 mm 的集料，用毛巾擦拭时容易沾附细颗粒集料从而造成集料损失，此时宜改用洁净的纯棉汗衫布擦拭至表干状态。

（5）立即在保持表干状态下，称取集料的表干质量（m_f）。

（6）将集料置于浅盘中，放入 105 ℃±5 ℃ 的烘箱中烘干至恒重。取出浅盘，放在带盖的容器中冷却至室温，称取集料的烘干质量（m_a）。

（7）对同一规格的集料应平行试验两次，取平均值作为试验结果。

2.2.5 结果计算

（1）表观相对密度 γ_a、表干相对密度 γ_s、毛体积相对密度 γ_b 按式（2-6）~式（2-8）计算至小数点后 3 位。

$$\gamma_a = \frac{m_a}{m_a - m_w} \tag{2-6}$$

$$\gamma_s = \frac{m_f}{m_f - m_w} \tag{2-7}$$

$$\gamma_b = \frac{m_a}{m_f - m_w} \tag{2-8}$$

式中：γ_a——集料的表观相对密度，无量纲；

γ_s——集料的表干相对密度，无量纲；

γ_b——集料的毛体积相对密度，无量纲；

m_a——集料的烘干质量（g）；

m_f——集料的表干质量（g）；

m_w——集料的水中质量（g）。

（2）集料的吸水率以烘干试样为基准，按式（2-9）计算，精确至 0.01%。

$$w_x = \frac{m_f - m_a}{m_a} \times 100 \qquad （2\text{-}9）$$

式中：w_x——集料的吸水率（%）。

（3）粗集料的表观密度（视密度）ρ_a、表干密度 ρ_s、毛体积密度 ρ_b 按式（2-10）～式（2-12）计算至小数点后 3 位。

$$\rho_a = \gamma_a \rho_T \quad 或 \quad \rho_a = (\gamma_a - a_T)\rho_w \qquad （2\text{-}10）$$

$$\rho_s = \gamma_s \rho_T \quad 或 \quad \rho_s = (\gamma_s - a_T)\rho_w \qquad （2\text{-}11）$$

$$\rho_b = \gamma_b \rho_T \quad 或 \quad \rho_b = (\gamma_b - a_T)\rho_w \qquad （2\text{-}12）$$

式中：ρ_a——集料的表观密度（g/cm³）；

ρ_s——集料的表干密度（g/cm³）；

ρ_b——集料的毛体积密度（g/cm³）；

ρ_T——试验温度为 T 时水的密度（g/cm³）；

α_T——试验温度为 T 时的水温修正系数；

ρ_w——水在 4 ℃时的密度（1.000 g/cm³）。

2.2.6 精密度或允许差

重复试验的精密度，对表观相对密度、表干相对密度、毛体积相对密度，两次结果相差不得超过 0.02，对吸水率不得超过 0.2%。粗集料表观密度试验记录见表 2-6。

表 2-6 粗集料表观密度试验记录

集料名称			试验编号				
试验依据			试验条件				
主要仪器设备							
试样编号	粗集料烘干质量/g	粗集料表干质量/g	粗集料水中质量/g	表观相对密度	水温/℃	表观密度值/（g/cm³）	测定值/（g/cm³）
1							
2							

2.3 粗集料针片状颗粒含量

2.3.1 规准仪法

1. 目的与适用范围

本方法适用于测定水泥混凝土使用的 4.75 mm 以上的粗集料的针状及片状颗粒含量,以百分率计。本方法测定的针片状颗粒是指使用专用规准仪测定的粗集料颗粒的最小厚度(或直径)方向与最大长度(或宽度)方向的尺寸之比小于一定比例的颗粒。本方法测定的粗集料中针片状颗粒的含量,可用于评价集料的形状及其在工程中的适用性。

2. 仪具与材料

(1)水泥混凝土集料针状规准仪和片状规准仪(图 2-2 和图 2-3),片状规准仪的钢板基板厚度为 3 mm,尺寸应符合表 2-7 的要求。

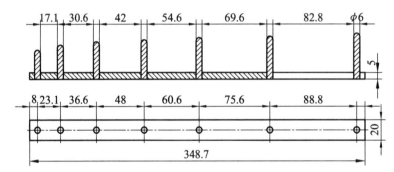

图 2-2　针状规准仪(尺寸单位:mm)

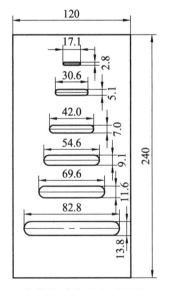

图 2-3　片状规准仪(尺寸单位:mm)

表 2-7　粒级划分及其相应的规准仪孔宽或间距（水泥混凝土用粗集料）

粒级（方孔筛）/mm	4.75~9.5	9.5~16	16~19	19~26.5	26.5~31.5	31.5~37.5
针状规准仪上相对应的立柱之间的间距宽/mm	17.1（B_1）	30.6（B_2）	42.0（B_3）	54.6（B_4）	69.6（B_5）	82.8（B_6）
片状规准仪上相对应的孔宽/mm	2.8（A_1）	5.1（A_2）	7.0（A_3）	9.1（A_4）	11.6（A_5）	13.8（A_6）

（2）天平或台秤：感量不大于称量值的 0.1%。

（3）标准筛：孔径分别为 4.75 mm、9.5 mm、16 mm、19 mm、26.5 mm、31.5 mm、37.5 mm，试验时根据需要选用。

3. 试验准备

将试样在室内风干至表面干燥，并用四分法或分料器法缩分至满足表 2-8 规定的质量，称量（m_0），然后筛分成表 2-7 所规定的粒级备用。

表 2-8　针片状颗粒试验所需的试样最小质量

公称最大粒径/mm	37.5	31.5	26.5	19	16	9.5
试样最小质量/kg	10	5	3	2	1	0.3

4. 试验步骤

（1）目测挑出接近立方体形状的规则颗粒，将目测有可能属于针片状颗粒的集料按表 2-8 所规定的粒级用规准仪逐粒对试样进行针片状颗粒鉴定，挑出颗粒长度大于针状规准仪上相应间距而不能通过者，为针状颗粒。

（2）将通过针状规准仪上相应间距的非针状颗粒逐粒对试样进行片状颗粒鉴定，挑出厚度小于片状规准仪上相应孔宽者，为片状颗粒。

（3）称量由各级挑出的针状颗粒和片状颗粒的含量，其总质量为 m_1。

5. 结果计算

碎石或砾石中针片状颗粒含量按式（2-13）计算，精确至 0.1%。

$$Q_e = \frac{m_1}{m_0} \times 100 \qquad (2\text{-}13)$$

式中：Q_e——试样的针片状颗粒含量（%）；

　　　m_1——试样中所含针状颗粒与片状颗粒的总质量（g）；

　　　m_0——试样总质量（g）。

2.3.2 游标卡尺法

1. 目的与适用范围

本方法适用于测定粗集料的针状及片状颗粒含量，以百分率计。本方法测定的针片状颗粒，是指用游标卡尺测定的粗集料颗粒的最大长度（或宽度）方向与最小厚度（或直径）方向的尺寸之比大于 3 倍的颗粒。有特殊要求采用其他比例时，应在试验报告中注明。本方法测定的粗集料中针片状颗粒的含量，可用于评价集料的形状和抗压碎能力，以评定石料生产厂的生产水平及该材料在工程中的适用性。

2. 仪具与材料

（1）标准筛：方孔筛 4.75 mm。

（2）游标卡尺：精密度为 0.1 mm。

（3）天平：感量不大于 1 g。

3. 试验步骤

（1）按集料规程的相应方法，采集粗集料试样。

（2）按分料器法或四分法选取 1 kg 左右的试样。对每一种规格的粗集料，应按照不同的公称粒径，分别取样检验。

（3）用 4.75 mm 标准筛将试样过筛，取筛上部分供试验用，称取试样的总质量 m_0，准确至 1 g。试样数量应不少于 800 g，并不少于 100 颗。

注：对 2.36 mm~4.75 mm 级粗集料，由于卡尺量取有困难，故一般不作规定。

（4）将试样平摊于桌面上，首先用目测挑出接近立方体的颗粒，剩下可能属于针状（细长）和片状（扁平）的颗粒。

（5）按图 2-4 所示的方法将欲测量的颗粒放在桌面上成一稳定的状态，图中颗粒平面方向的最大长度为 L，侧面厚度的最大尺寸为 t，颗粒最大宽度为 w（$t<w<L$），用卡尺逐颗测量石料的 L 及 t，将 $L/t \geqslant 3$ 的颗粒（即最大长度方向与最大厚度方向的尺寸之比大于 3 的颗粒）分别挑出作为针片状颗粒。称取针片状颗粒的质量 m_1，准确至 1 g。

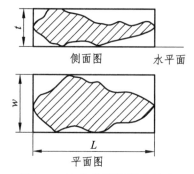

图 2-4 针片状颗粒稳定状态

注：稳定状态是指平放的状态，不是直立状态，侧面厚度的最大尺寸 t 为图中状态的颗粒顶部至平台的厚度，是在最薄的一个面上测量的，但并非颗粒中最薄部位的厚度。

4. 结果计算

按式（2-14）计算针片状颗粒含量。

$$Q_e = \frac{m_1}{m_0} \times 100 \qquad （2-14）$$

式中：Q_e——针片状颗粒含量（%）；

m_1——针片状颗粒的质量（g）；

m_0——试验用的集料总质量（g）。

5. 试验报告

（1）试验要平行测定两次，计算两次结果的平均值。如两次结果之差小于平均值的 20%，则取平均值为试验值；如大于或等于 20%，则应追加测定一次，取 3 次结果的平均值为测定值。

（2）试验报告应报告集料的种类、产地、岩石名称、用途。

2.4 粗集料含泥量及泥块含量

2.4.1 目的与适用范围

测定碎石或砾石中小于 0.075 mm 的尘屑、淤泥和黏土的总含量及 4.75 mm 以上泥块颗粒含量。

2.4.2 仪具与材料

（1）台秤：感量不大于称量的 0.1%。

（2）烘箱：能控温 105 ℃±5 ℃。

（3）标准筛：测含泥量时，用孔径为 1.18 mm、0.075 mm 的方孔筛各 1 只；测泥块含量时，则用 2.36 mm 及 4.75 mm 的方孔筛各 1 只。

（4）容器：容积约 10L 的桶或搪瓷盘。

（5）其他：浅盘、毛刷等。

2.4.3 试验准备

按集料规程的相应方法取样，将来样用四分法或分料器法缩分至表 2-9 所规定的量（注意防止细粉丢失并防止所含黏土块被压碎），置于温度为 105 ℃±5 ℃ 的烘箱内烘干至恒重，冷却至室温后分成两份备用。

表 2-9　含泥量及泥块含量试验所需试样最小质量

公称最大粒径/mm	75	63	37.5	31.5	26.5	19	16	9.5	4.75
试样最小质量/kg	20	20	10	10	6	6	2	2	1.5

2.4.4　试验步骤

1. 含泥量

（1）称取试样 1 份（m_0）装入容器内，加水，浸泡 24h，用手在水中淘洗颗粒（或用毛刷洗刷），使尘屑、黏土与较粗颗粒分开，并使之悬浮于水中；缓缓地将浑浊液倒入 1.18 mm 及 0.075 mm 的套筛上，滤去小于 0.075 mm 的颗粒。试验前筛子的两面应先用水湿润，在整个试验过程中，应注意避免大于 0.075 mm 的颗粒丢失。

（2）再次加水于容器中，重复以上步骤，直到洗出的水清澈为止。

（3）用水冲洗余留在筛上的细粒，并将 0.075 mm 筛放于水中（使水面略高于筛内颗粒）来回摇动，以充分洗除小于 0.075 mm 的颗粒，而后将两只筛上余留的颗粒和容器中已经洗净的试样一并装入浅盘，置于温度为 105 ℃±5 ℃的烘箱中烘干至恒重，取出冷却至室温后，称取试样的质量（m_1）。

2. 泥块含量

（1）取试样 1 份。

（2）用 4.75 mm 筛将试样过筛，称出筛去 4.75 mm 以下颗粒后的试样质量（m_2）。

（3）将试样在容器中摊平，加水使水面高出试样表面，24h 后将水放掉，用手捻压泥块，然后将试样放在 2.36 mm 筛上用水冲洗，直至洗出的水清澈为止。

（4）小心地取出 2.36 mm 筛上试样，置于温度为 105 ℃±5 ℃的烘箱中烘干至恒重，取出冷却至室温后称量（m_3）。

2.4.5　结果计算

（1）碎石或砾石的含泥量按式（2-15）计算，精确至 0.1%。

$$Q_n = \frac{m_0 - m_1}{m_0} \times 100 \qquad (2\text{-}15)$$

式中：Q_n——碎石或砾石的含泥量（%）；

　　　m_0——试验前烘干试样质量（g）；

　　　m_1——试验后烘干试样质量（g）。

以两次试验的平均值作为测定值，两次结果的差值超过 0.2%时，应重新取样进行试验。对沥青路面用集料，此含泥量记为小于 0.075 mm 颗粒含量。

（2）碎石或砾石中黏土泥块含量按式（2-16）计算，精确至 0.1%。

$$Q_k = \frac{m_2 - m_3}{m_2} \times 100 \qquad （2\text{-}16）$$

式中：Q_k——碎石或砾石中黏土泥块含量（%）；

$\quad\quad m_2$——4.75 mm 筛筛余量（g）；

$\quad\quad m_3$——试验后烘干试样质量（g）。

以两个试样两次试验结果的算术平均值作为测定值，两次结果的差值超过 0.1% 时，应重新取样进行试验。

2.5　细集料筛分

2.5.1　目的与适用范围

测定细集料（天然砂、人工砂、石屑）的颗粒级配及粗细程度。对水泥混凝土用细集料可采用干筛法，如有需要也可采用水洗法筛分；对沥青混合料及基层用细集料必须用水洗法筛分。

2.5.2　仪具与材料

（1）标准筛。

（2）天平：称量 1000 g，感量不大于 0.5 g。

（3）摇筛机。

（4）烘箱：能控温在 105 ℃±5 ℃。

（5）其他：浅盘和硬、软毛刷等。

2.5.3　试验准备

根据样品中最大粒径的大小，选用适宜的标准筛，通常为 9.5 mm 筛（水泥混凝土用天然砂）或 4.75 mm 筛（沥青路面及基层用天然砂、石屑、机制砂等）筛除其中的超粒径材料，然后将样品在潮湿状态下充分拌匀，用分料器法或四分法缩分至每份不少于 550 g 的试样两份，在 105 ℃±5 ℃ 的烘箱中烘干至恒重，冷却至室温后备用。

2.5.4　试验步骤

1. 干筛法

（1）准确称取烘干试样约 500 g（m_1），准确至 0.5 g，置于套筛的最上面一只，即 4.75 mm 筛上；将套筛装入摇筛机，摇筛约 10 min；然后取出套筛，再按筛孔大小顺序，从最大的筛号开始，在清洁的浅盘上逐个进行手筛，直到每分钟的筛出量不超过筛上剩余量0.1%时为止；将筛出通过的颗粒并入下一号筛，和下一号筛中的试样一起过筛，以此顺序进行至各号筛全部筛完为止。

> 注：① 试样如为特细砂时，试样质量可减少到100 g。
> 　　② 如试样含泥量超过5%，则不宜采用干筛法。
> 　　③ 无摇筛机时，可直接用手筛。

（2）称量各筛筛余试样的质量，精确至0.5 g。所有各筛的分计筛余量和底盘中剩余量的总量与筛分前的试样总量，相差不得超过后者的1%。

2. 水洗法

（1）准确称取烘干试样约500 g（m_1），准确至0.5 g。

（2）将试样置于一洁净容器中，加入足够数量的洁净水，将集料全部淹没。

（3）用搅棒充分搅动集料，将集料表面洗涤干净，使细粉悬浮在水中，但不得有集料从水中溅出。

（4）用1.18 mm筛及0.075 mm筛组成套筛。仔细将容器中混有细粉的悬浮液徐徐倒出，经过套筛流入另一容器中，但不得将集料倒出。

> 注：不可直接倒至0.075 mm筛上，以免集料掉出损坏筛面。

（5）重复（2）~（4）步骤，直至倒出的水洁净且小于0.075 mm的颗粒全部倒出。

（6）将容器中的集料倒入搪瓷盘中，用少量水冲洗，使容器上沾附的集料颗粒全部进入搪瓷盘中。将筛子反扣过来，用少量的水将筛上的集料冲入搪瓷盘中。操作过程中不得有集料散失。

（7）将搪瓷盘连同集料一起置于105 ℃±5 ℃烘箱中烘干至恒重，称取干燥集料试样的总质量（m_2），准确至0.1%。m_1与m_2之差即为通过0.075 mm筛部分。

（8）将全部要求筛孔组成套筛（但不需0.075 mm筛），将已经洗去小于0.075 mm部分的干燥集料置于套筛上（通常为4.75 mm筛），将套筛装入摇筛机，摇筛约10 min；然后取出套筛，再按筛孔大小顺序，从最大的筛号开始，在清洁的浅盘上逐个进行手筛，直至每分钟的筛出量不超过筛上剩余量的0.1%时为止；将筛出通过的颗粒并入下一号筛，和下一号筛中的试样一起过筛，按这样顺序进行，直至各号筛全部筛完为止。

> 注：如为含有粗集料的集料混合料，套筛筛孔应根据需要选择。

（9）称量各筛筛余试样的质量，精确至0.5 g。所有各筛的分计筛余量和底盘中剩余量的总质量与筛分前后试样总量m_2的差值不得超过后者的1%。

2.5.5　结果计算

（1）分计筛余百分率。各号筛的分计筛余百分率为各号筛上的筛余量除以试样总量（m_1）的百分率，精确至 0.1%。对沥青路面细集料而言，0.15 mm 筛下部分即为 0.075 mm 的分计筛余，由水洗法步骤（7）测得的 m_1 与 m_2 之差即为小于 0.075 mm 的筛底部分。

（2）累计筛余百分率。各号筛的累计筛余百分率为该号筛及大于该号筛的各号筛的分计筛余百分率之和，准确至 0.1%。

（3）质量通过百分率。各号筛的质量通过百分率等于 100 减去该号筛的累计筛余百分率，准确至 0.1%。

（4）根据各筛的累计筛余百分率或通过百分率，绘制级配曲线。

（5）天然砂的细度模数按式（2-17）计算，精确至 0.01。

$$M_x = \frac{(A_{0.15} + A_{0.3} + A_{0.6} + A_{1.18} + A_{2.36}) - 5A_{4.75}}{100 - A_{4.75}} \qquad (2\text{-}17)$$

式中：M_x——砂的细度模数；

$A_{0.15}$、$A_{0.3}$、…、$A_{4.75}$——分别为 0.15 mm、0.3 mm、…、4.75 mm 各筛上的累计筛余百分率（%）。

（6）应进行两次平行试验，以试验结果的算术平均值作为测定值。如两次试验所得的细度模数之差大于 0.2，则应重新进行试验。

2.6 细集料表观密度（容量瓶法）

2.6.1 目的与适用范围

用容量瓶法测定细集料（天然砂、石屑、机制砂）在 23 ℃时对水的表观相对密度和表观密度。本方法适用于含有少量大于 2.36 mm 部分的细集料。

2.6.2 仪具与材料

（1）天平：称量 1 kg，感量不大于 1 g。

（2）容量瓶：500 mL。

（3）烘箱：能控温在 105 ℃±5 ℃。

（4）烧杯：500 mL。

（5）其他：洁净水、干燥器、浅盘、铝制料勺、温度计等。

2.6.3 试验准备

将缩分至 650 g 左右的试样在温度为 105 ℃±5 ℃的烘箱中烘干至恒重，并在干燥器内冷却至室温，分成两份备用。

2.6.4 试验步骤

（1）称取烘干的试样约 300 g（m_0），装入盛有半瓶洁净水的容量瓶中。

（2）摇转容量瓶，使试样在已保温至 23 ℃±1.7 ℃的水中充分搅动以排除气泡，塞紧瓶塞，在恒温条件下静置 24 h 左右；然后用滴管添水，使水面与瓶颈刻度线平齐，再塞紧瓶塞，擦干瓶外水分，称其总质量（m_2）。

（3）倒出瓶中的水和试样，将瓶的内外表面洗净，再向瓶内注入同样温度的洁净水（温差不超过 2 ℃）至瓶颈刻度线，塞紧瓶塞，擦干瓶外水分，称其总质量（m_1）。

注：在砂的表观密度试验过程中应测量并控制水的温度，试验期间的温差不得超过 1 ℃。

2.6.5 结果计算

（1）细集料的表观相对密度按式（2-18）计算至小数点后 3 位。

$$\gamma_a = \frac{m_0}{m_0 + m_1 - m_2} \qquad (2\text{-}18)$$

式中：γ_a——细集料的表观相对密度，无量纲；

m_0——试样的烘干质量（g）；

m_1——水及容量瓶总质量（g）；

m_2——试样、水及容量瓶总质量（g）。

（2）表观密度 ρ_a 按式（2-19）计算，精确至小数点后 3 位。

$$\rho_a = \gamma_a \rho_T \quad \text{或} \quad \rho_a = (\gamma_a - a_T)\rho_w \qquad (2\text{-}19)$$

式中：ρ_a——细集料的表观密度（g/cm³）；

ρ_w——水在 4 ℃时的密度（g/cm³）；

a_T——试验时的水温对水密度影响的修正系数，按表 2-10 取值；

ρ_T——试验温度时水的密度（g/cm³），按表 2-10 取值。

表 2-10　不同水温时水的密度 ρ_T 及水温修正系数 a_T

水温/℃	15	16	17	18	19	20
水的密度 ρ_T/（g/cm³）	0.999 13	0.998 97	0.998 80	0.998 62	0.998 43	0.998 22
水温修正系数 a_T	0.002	0.003	0.003	0.004	0.004	0.005
水温/℃	21	22	23	24	25	
水的密度 ρ_T/（g/cm³）	0.998 02	0.997 79	0.997 56	0.997 33	0.997 02	
水温修正系数 a_T	0.005	0.006	0.006	0.007	0.007	

（3）以两次平行试验结果的算术平均值作为测定值，如两次结果之差值大于 0.01 g/cm³，则应重新取样进行试验。细集料表观密度试验记录见表 2-11。

表 2-11　细集料表观密度试验记录

集料名称		试验编号					
试验依据		试验条件					
主要仪器设备							
试样编号	细集料烘干质量/g	水、容量瓶的合质量/g	细集料、水、容量瓶总质量/g	表观相对密度	水温/℃	表观密度值/（g/cm³）	测定值/（g/cm³）
1							
2							

2.7　细集料堆积密度及紧装密度

2.7.1　目的与适用范围

测定砂自然状态下的堆积密度、紧装密度及空隙率。

2.7.2　仪具与材料

（1）台秤：称量 5 kg，感量 5 g。

（2）容量筒：金属制，圆筒形，内径 108 mm，净高 109 mm，筒壁厚 2 mm，筒底厚 5 mm，容积约为 1 L。

（3）标准漏斗：如图 2-5 所示。

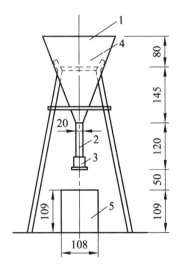

1—漏斗；2—ϕ20 mm 管子；3—活动门；4—筛；5—金属量筒。

图 2-5　标准漏斗（尺寸单位：mm）

（4）烘箱：能控温在 105 ℃±5 ℃。

（5）其他：小勺、直尺、浅盘等。

2.7.3 试验准备

（1）试样制备：用浅盘装来样约 5 kg，在温度为 105 ℃±5 ℃的烘箱中烘干至恒重，取出并冷却至室温，分成大致相等的两份备用。

注：试样烘干后如有结块，应在试验前先予捏碎。

（2）容量筒容积的校正方法：以温度为 20 ℃±5 ℃的洁净水装满容量筒，用玻璃板沿筒口滑移，使其紧贴水面，玻璃板与水面之间不得有空隙。擦干筒外壁水分，然后称量，用式（2-20）计算筒的容积：

$$V = m_2' - m_1' \qquad (2\text{-}20)$$

式中：V ——容量筒的体积（mL）；

m_2' ——容量筒、玻璃板和水总质量（g）；

m_1' ——容量筒和玻璃板总质量（g）。

2.7.4 试验步骤

（1）堆积密度：将试样装入漏斗中，打开底部的活动门，使砂流入容量筒中，也可直接用小勺向容量筒中装试样，但漏斗出料口或料勺距容量筒筒口均应为 50 mm 左右，试样装满并超出容量筒筒口后，用直尺将多余的试样沿筒口中心线向两个相反方向刮平，称取质量（m_1）。

（2）紧装密度：取试样 1 份，分两层装入容量筒。装完一层后，在筒底垫放一根直径为 10 mm 的钢筋，将筒按住，左右交替颠击地面各 25 下，然后再装入第二层。

第二层装满后用同样方法颠实（但筒底所垫钢筋的方向应与第一层放置方向垂直）。两层装完并颠实后，添加试样超出容量筒筒口，然后用直尺将多余的试样沿筒口中心线向两个相反方向刮平，称其质量（m_2）。

2.7.5 结果计算

（1）堆积密度及紧装密度分别按式（2-21）和式（2-22）计算至小数点后 3 位。

$$\rho = \frac{m_1 - m_0}{V} \qquad (2\text{-}21)$$

$$\rho' = \frac{m_2 - m_0}{V} \qquad (2\text{-}22)$$

式中：ρ ——砂的堆积密度（g/cm^3）；

ρ'——砂的紧装密度（g/cm³）；

m_0——容量筒的质量（g）；

m_1——容量筒和堆积砂的总质量（g）；

m_2——容量筒和紧装砂的总质量（g）；

V——容量筒容积（mL）。

（2）砂的空隙率按式（2-23）计算，精确至 0.1%。

$$n = \left(1 - \frac{\rho}{\rho_a}\right)$$ （2-23）

式中：n——砂的空隙率（%）；

ρ——砂的堆积或紧装密度（g/cm³）；

ρ_a——砂的表观密度（g/cm³）。

（3）以两次试验结果的算术平均值作为测定值。细集料堆积密度试验记录见表 2-12。

表 2-12　细集料堆积密度试验记录

集料名称			试验编号				
试验依据			试验条件				
主要仪器设备							
试样编号	容量筒质量/g	容量筒、玻璃板的质量/g	容量筒、玻璃板和水总质量/g	容量筒体积/mL	容量筒、砂总质量/g	堆积密度值/（g/cm³）	测定值/（g/cm³）
1							
2							

2.8　岩石密度及毛体积密度

2.8.1　密　度

1. 目的与适用范围

岩石的密度（颗粒密度）是选择建筑材料、研究岩石风化、评价地基基础工程岩体稳定性及确定围岩压力等必需的计算指标。

本方法用洁净水作试液时适用于不含水溶性矿物成分的岩石的密度测定，对含水溶性矿物成分的岩石应使用中性液体如煤油作试液。

2. 仪具与材料

（1）密度瓶：短颈量瓶，容积 100 mL。

（2）天平：感量 0.001 g。

（3）轧石机、球磨机、瓷研钵、玛瑙研钵、磁铁块和孔径为 0.315 mm（0.3 mm）的筛子。

（4）砂浴、恒温水槽（灵敏度±1 ℃）及真空抽气设备。

（5）烘箱：能使温度控制在 105 ℃～110 ℃。

（6）干燥箱：内装氯化钙或硅胶等干燥剂。

（7）锥形玻璃漏斗和瓷皿、滴管、中骨匙和温度计等。

3. 试验准备

取代表性岩石试样在小型轧石机上初碎（或手工用钢锤捣碎），再置于球磨机中进一步磨碎，然后用研钵研细，使之全部粉碎成能通过 0.315 mm 筛孔的岩粉。

4. 试验步骤

（1）将制备好的岩粉放在瓷皿中，置于温度为 105 ℃～110 ℃的烘箱中烘至恒量，烘干时间一般为 6 h～12 h，然后再置于干燥器中冷却至室温（20 ℃±2 ℃）备用。

（2）用四分法取两份岩粉，每份试样从中称取 15 g（m_1），精确至 0.001 g（本试验称量精度皆同），用漏斗灌入洗净烘干的密度瓶中，并注入试液至瓶的一半处，摇动密度瓶使岩粉分散。

（3）当使用洁净水作试液时，可采用沸煮法或真空抽气法排除气体。当使用煤油作试液时，应采用真空抽气法排除气体。采用沸煮法排除气体时，沸煮时间自悬液沸腾时算起不得少于 1 h；采用真空抽气法排除气体时，真空压力表读数宜为 100 kPa，抽气时间维持 1 h～2 h，直至无气泡逸出为止。

（4）将经过排除气体的密度瓶取出擦干，冷却至室温，再向密度瓶中注入排除气体且同温条件的试液，使其接近满瓶，然后置于恒温水槽（20 ℃±2 ℃）内。待密度瓶内温度稳定，上部悬液澄清后，塞好瓶塞，使多余试液溢出。从恒温水槽内取出密度瓶，擦干瓶外水分，立即称其质量（m_3）。

（5）倾出悬液，洗净密度瓶，注入经排除气体并与试验同温度的试液至密度瓶，再置于恒温水槽内。待瓶内试液的温度稳定后，塞好瓶塞，将逸出瓶外的试液擦干，立即称其质量（m_2）。

5. 结果计算

（1）按式（2-24）计算岩石密度值（精确至 0.01 g/cm³）：

$$\rho_t = \frac{m_1}{m_1 + m_2 - m_3} \times \rho_{wt} \qquad (2\text{-}24)$$

式中：ρ_t——岩石的密度（g/cm³）；

m_1——岩粉的质量（g）；

m_2——密度瓶与试液的合质量（g）；

m_3——密度瓶、试液与岩粉的总质量（g）；

ρ_{wt}——与试验同温度试液的密度（g/cm³），洁净水的密度由《公路工程岩石试验规程》（JTG E41）附录（以下同）查得，煤油的密度按式（2-25）计算：

$$\rho_{wt} = \frac{m_5 - m_4}{m_6 - m_4} \times \rho_w \qquad (2\text{-}25)$$

式中：m_4——密度瓶的质量（g）；

m_5——密度瓶与煤油的合质量（g）；

m_6——密度瓶与经排除气体的洁净水的合质量（g）；

ρ_w——经排除气体的洁净水的密度（由附录查得）（g/cm³）。

（2）以两次试验结果的算术平均值作为测定值，如两次试验结果之差大于 0.02 g/cm³ 时，应重新取样进行试验。

（3）密度试验记录应包括岩石名称、试验编号、试样编号、试液温度、试液密度、烘干岩粉试样质量、瓶和试液合质量以及瓶和试液和岩粉试样总质量、密度瓶质量。岩石密度试验记录见表 2-13。

表 2-13　岩石密度试验记录

岩石名称		试验编号				
试验依据		试验条件				
主要仪器设备						
试样编号	石粉质量/g	密度瓶与试液合质量/g	密度瓶、试液与石粉总质量/g	试液温度/℃	水的密度/（g/cm³）	石料密度值/（g/cm³）	测定值/（g/cm³）
1						
2						

2.8.2　毛体积密度

1. 目的与适用范围

岩石的毛体积密度（块体密度）是一个间接反映岩石致密程度、孔隙发育程度的参数，也是评价工程岩体稳定性及确定围岩压力等必需的计算指标。根据岩石含水状态，毛体积密度可分为干密度、饱和密度和天然密度。

岩石毛体积密度试验可分为量积法、水中称量法和蜡封法（略）。量积法适用于能制备成规则试件的各类岩石；水中称量法适用于除遇水崩解、溶解和干缩湿胀外的其他各类岩石。

2. 仪具与材料

（1）切石机、钻石机、磨石机等岩石试件加工设备。

（2）天平：感量 0.01 g，称量大于 500 g。

（3）烘箱：能使温度控制在 105 ℃ ~ 110 ℃。

（4）石蜡及熔蜡设备。

（5）水中称量装置。

（6）游标卡尺。

3. 试验准备

（1）量积法试件制备。采用圆柱体作为标准试件，直径为 50 mm±2 mm、高径比为 2∶1。

（2）水中称量法试件制备。试件尺寸应符合下列规定：试件可采用规则或不规则形状，试件尺寸应大于组成岩石最大颗粒粒径的 10 倍，每个试件质量不宜小于 150g。

（3）试件数量，同一含水状态，每组不得少于 3 个。

4. 量积法试验步骤

（1）量测试件的直径或边长：用游标卡尺量测试件两端和中间 3 个断面上互相垂直两个方向的直径或边长，按截面积计算平均值。

（2）量测试件的高度：用游标卡尺量测试件断面周边对称的 4 个点（圆柱体试件为互相垂直的直径与圆周交点处，立方体试件为边长的中点）和中心点的 5 个高度，计算平均值。

（3）测定天然密度：应在岩样开封后，在保持天然湿度的条件下，立即加工试件和称量。测定后的试件，可作为天然状态的单轴抗压强度试验用的试件。

（4）测定饱和密度：试件的饱和过程和称量应符合《公路工程岩石试验规程》（JTG E41）中吸水性试验（T 0205）相关条款的规定。测定后的试件，可作为饱和状态的单轴抗压强度试验用的试件。

（5）测定干密度：将试件放入烘箱内，控制在 105 ℃ ~ 110 ℃温度下烘 12 h ~ 24 h，取出放入干燥器内冷却至室温，称干试件质量。测定后的试件，可作为干燥状态单轴抗压强度试验用的试件。

（6）本试验称量精确至 0.01 g，量测精确至 0.01 mm。

5. 水中称量法试验步骤

（1）测天然密度时，应取有代表性的岩石制备试件并称量；测干密度时，将试件放入烘箱，在 105 ℃ ~ 110 ℃下烘至恒量，烘干时间一般为 12 h ~ 24 h。取出试件置于干燥器内冷却至室温后，称干试件质量。

（2）将干试样浸入水中进行饱和，饱和方法可依岩石性质选用煮沸法或真空抽气法。试件的饱和过程和称量，应符合岩石吸水性试验（T 0205）相关条款的规定。

（3）取出饱和浸水试件，用湿纱布擦去试件表面水分，立即称其质量。

（4）将试样放在水中称量装置的丝网上，称取试样在水中的质量（丝网在水中质量可事先用砝码平衡）。在称量过程中，称量装置的液面应始终保持同一高度，并记下水温。

（5）本试验称量精确至 0.01 g。

6. 结果计算

（1）量积法岩石毛体积密度按式（2-26）~式（2-28）计算：

$$\rho_0 = \frac{m_0}{V} \qquad (2\text{-}26)$$

$$\rho_s = \frac{m_s}{V} \qquad (2\text{-}27)$$

$$\rho_d = \frac{m_d}{V} \qquad (2\text{-}28)$$

式中：ρ_0——天然密度（g/cm^3）；

ρ_s——饱和密度（g/cm^3）；

ρ_d——干密度（g/cm^3）；

m_0——试件烘干前的质量（g）；

m_s——试件强制饱和后的质量（g）；

m_d——试件烘干后的质量（g）；

V——岩石的体积（cm^3）。

（2）水中称量法岩石毛体积密度按式（2-29）~式（2-31）计算：

$$\rho_0 = \frac{m_0}{m_s - m_w} \times \rho_w \qquad (2\text{-}29)$$

$$\rho_s = \frac{m_s}{m_s - m_w} \times \rho_w \qquad (2\text{-}30)$$

$$\rho_d = \frac{m_d}{m_s - m_w} \times \rho_w \qquad (2\text{-}31)$$

式中：m_w——试件强制饱和后在洁净水中的质量（g）；

ρ_w——洁净水的密度（g/cm^3），由附录查得。

（3）毛体积密度试验结果精确至 0.01 g/cm^3，3 个试件平行试验。组织均匀的岩石，毛体积密度应为 3 个试件测得结果之平均值；组织不均匀的岩石，毛体积密度应列出每个试件的试验结果。

（4）孔隙率计算。

求得岩石的毛体积密度及密度后，用式（2-32）计算总孔隙率 n，试验结果精确至 0.1%：

$$n = \left(1 - \frac{\rho_d}{\rho_t}\right) \times 100 \qquad (2\text{-}32)$$

式中：n——岩石总孔隙率（%）；

ρ_t——岩石的密度（g/cm³）。

（5）毛体积密度试验记录应包括岩石名称、试验编号、试样编号、试件描述、试验方法、试件在各种含水状态下的质量、试件水中质量、试件尺寸、洁净水的密度等。岩石毛体积密度试验记录见表 2-14。

表 2-14　岩石毛体积密度试验记录（量积法）

岩石名称				试验编号		
试验依据				试验条件		
主要仪器设备						
试样编号	试件尺寸/cm			试件体积/cm³	试件质量/g	石料毛体积密度值/（g/cm³）	测定值/（g/cm³）
	长	宽	高				
1							
2							
3							

2.9　岩石单轴抗压强度

2.9.1　目的与适用范围

单轴抗压强度试验是测定规则形状岩石试件单轴抗压强度的方法，主要用于岩石的强度分级和岩性描述。本方法采用饱和状态下的岩石立方体（或圆柱体）试件的抗压强度来评定岩石强度（包括碎石或卵石的原始岩石强度）。在某些情况下，试件含水状态还可根据需要选择天然状态、烘干状态或冻融循环后状态。试件的含水状态要在试验报告中注明。

2.9.2　仪具与材料

（1）压力试验机或万能试验机。

（2）钻石机、切石机、磨石机等岩石试件加工设备。

（3）烘箱、干燥器、游标卡尺、角尺及水池等。

2.9.3　试验准备

（1）建筑地基的岩石试验，采用圆柱体作为标准试件，直径为 50 mm±2 mm、高径比为 2∶1。每组试件共 6 个。

（2）桥梁工程用的石料试验，采用立方体试件，边长为 70 mm±2 mm。每组试件共 6 个。

（3）路面工程用的石料试验，采用圆柱体或立方体试件，其直径或边长和高均为 50 mm±2 mm。每组试件共 6 个。

有显著层理的岩石，分别沿平行和垂直层理方向各取试件 6 个。试件上、下端面应平行和磨平，试件端面的平面度公差应小于 0.05 mm，端面对于试件轴线垂直度偏差不应超过 0.25°。对于非标准圆柱体试件，试验后抗压强度试验值按公式 $R_{\mathrm{e}} = \dfrac{8R}{7 + 2D/H}$ 进行换算，其中 R 为非标准圆柱体试件的抗压强度值，D 和 H 为非标准圆柱体试件的直径和高。

2.9.4　试验步骤

（1）用游标卡尺量取试件尺寸（精确至 0.1 mm），对立方体试件在顶面和底面上各量取其边长，以各个面上相互平行的两个边长的算术平均值计算其承压面积；对于圆柱体试件在顶面和底面分别测量两个相互正交的直径，并以其各自的算术平均值分别计算底面和顶面的面积，取其顶面和底面面积的算术平均值作为计算抗压强度所用的截面积。

（2）试件的含水状态可根据需要选择烘干状态、天然状态、饱和状态、冻融循环后状态。试件烘干和饱和状态应符合吸水率试验相关条款的规定，试件冻融循环后状态应符合抗冻性试验相关条款的规定。

（3）按岩石强度性质，选定合适的压力机。将试件置于压力机的承压板中央，对正上、下承压板，不得偏心。

（4）以 0.5 MPa/s ~ 1.0 MPa/s 的速率进行加荷直至破坏，记录破坏荷载及加载过程中出现的现象。抗压试件试验的最大荷载记录以牛（N）为单位，精度为 1%。

2.9.5　结果计算

（1）岩石的抗压强度和软化系数分别按式（2-33）、式（2-34）计算。

$$R = \frac{P}{A} \tag{2-33}$$

式中：R——岩石的抗压强度（MPa）；

$\quad\quad P$——试件极限破坏时的荷载（N）；

$\quad\quad A$——试件的截面积（mm^2）。

$$K_P = \frac{R_w}{R_d} \quad\quad\quad (2\text{-}34)$$

式中：K_P——软化系数；

$\quad\quad R_w$——岩石饱和状态下的单轴抗压强度（MPa）；

$\quad\quad R_d$——岩石烘干状态下的单轴抗压强度（MPa）。

（2）单轴抗压强度试验结果应同时列出每个试件的试验值及同组岩石单轴抗压强度的平均值；有显著层理的岩石，分别报告垂直与平行层理方向的试件强度和平均值。计算值精确至 0.1 MPa。

软化系数计算值精确至 0.01，3 个试件平行测定，取算术平均值；3 个值中最大与最小之差不应超过平均值的 20%，否则，应另取第 4 个试件，并在 4 个试件中取最接近的 3 个值的平均值作为试验结果，同时在报告中将 4 个值全部给出。

（3）单轴抗压强度试验记录应包括岩石名称、试验编号、试样编号、试件描述、试件尺寸、破坏荷载等。岩石单轴抗压强度试验记录见表 2-15。

表 2-15　岩石单轴抗压强度试验记录

岩石名称			试验编号			
试验依据			试验条件			
主要仪器设备						
试样编号	试件边长或直径/mm		试件截面积/mm^2	破坏荷载/N	单轴抗压强度/MPa	测定值/MPa
	顶面	底面				
1						
2						
3						
4						
5						
6						
7						
8						
9						
10						

❓ 思考题

（1）测试粗集料的颗粒组成的试验方法是什么？简述该方法的种类和各自适用范围。

（2）什么是分计筛余百分率和累计筛余百分率？粗集料筛分时如果产生少量损耗，分计筛余百分率和累计筛余百分率该如何计算？

（3）什么是粗集料的级配曲线？简述级配曲线的工程意义。

（4）简述表观密度、表干密度和毛体积密度的区别和联系。

（5）什么是饱和面干状态？使用网篮法进行测试时，粗集料的饱和面干状态应如何获得？

（6）测试粗集料针片状颗粒的试验方法有哪几种？它们之间的结果能否混用？

（7）什么是粗集料的含泥量？在测试含泥量过程中，如果不小心损失部分 0.075 mm~1.18 mm 的颗粒，则含泥量如何变化？

（8）测定细集料的颗粒级配的方法是什么？简述该方法的种类和各自适用范围。

（9）细集料粗细程度的评价指标是什么？简述该指标的计算公式和评价方法。

（10）简述利用容量瓶法测试细集料表观密度的注意事项。

（11）测试细集料的堆积密度时，应如何校正容量筒的容积？

（12）简述测试细集料的堆积密度和紧装密度时的试验步骤区别。

（13）在岩石密度试验过程中，试样制备如何处理？并解释其中原因。

（14）简述岩石密度测试过程中的注意事项。

（15）测试石料毛体积密度有哪几种方法？简述不同测试方法的适用范围。

（16）简述影响岩石单轴抗压强度测试结果的试验因素。

3　水泥试验

3.1　细度（筛析法）

3.1.1　目的与适用范围

本方法规定了水泥及水泥混凝土用矿物掺合料细度的试验方法。本方法适用于通用硅酸盐水泥、道路硅酸盐水泥及指定采用本方法的其他品种水泥与矿物掺合料。

3.1.2　仪具与材料

（1）试验筛：试验筛由圆形筛框和筛网组成，分负压筛和水筛两种，其结构尺寸如图 3-1 和图 3-2 所示。负压筛为 45 μm 方孔筛，并附有透明筛盖，筛盖与筛上口应有良好的密封性。筛网应紧绷在筛框上，筛网和筛框接触处应用防水胶密封，防止水泥嵌入。

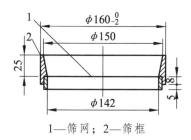

1—筛网；2—筛框

图 3-1　负压筛（尺寸单位：mm）

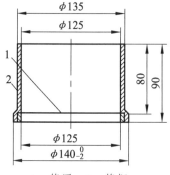

1—筛网；2—筛框。

图 3-2　水筛（尺寸单位：mm）

（2）负压筛析仪：负压筛析仪由旋风筒、负压源、收尘系统、筛座、控制指示仪和负压筛盖组成。其中筛座由转速为 30 r/min±2 r/min 的喷气嘴、负压表、控制板、微电机及壳体等部分组成（图 3-3）。筛析仪负压可调节范围为 4000 Pa~6000 Pa。喷气嘴上口平面与筛网之间距离为 2 mm~8 mm。负压源和收尘器由功率不小于 600 W 的工业吸尘器和小型旋风收尘筒或用其他具有相当功能的设备组成。

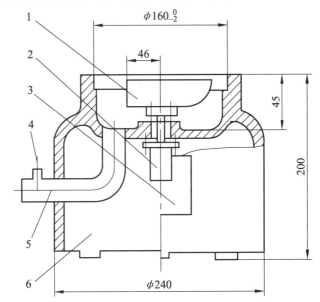

1—喷气嘴；2—微电机；3—控制板开口；4—负压表接口；

5—负压源及收尘器接口；6—壳体。

图 3-3 负压筛析仪筛座示意（尺寸单位：mm）

（3）水筛架和喷头：应符合现行《水泥标准筛和筛析仪》（JC/T 728）的规定，但其中水筛架上筛座内径为 140^{+0}_{-3} mm。

（4）天平：量程应不小于 100 g，感量不大于 0.01 g。

3.1.3 试验准备

水泥样品应充分拌匀，通过 0.9 mm 方孔筛，记录筛余物情况，要防止过筛时混进其他粉体。

3.1.4 试验步骤

1. 负 压 筛 法

（1）筛析试验前，应把负压筛放在筛座上，盖上筛盖，接通电源，检查控制系统，调节负压至 4000 Pa ~ 6000 Pa 范围内。

（2）称取试样 10 g，精确至 0.01 g。

（3）将试样置于洁净的负压筛中，盖上筛盖，放在筛座上，开动筛析仪连续筛析120s，在此期间如有试样附着在筛盖上，可轻轻地敲击，使试样落下。筛毕，用天平称量筛余物质量，精确至 0.01 g。

（4）当工作负压小于 4000 Pa 时，应清理吸尘器内水泥，使负压恢复正常。

2. 水筛法

（1）筛析试验前，调整好水压及水筛架的位置，使其能正常运转，喷头底面和筛网之间距离为 35 mm~75 mm。

（2）称取试样 50 g，置于洁净的水筛中，立即用淡水冲洗至大部分细粉通过后，放在水筛架上，用水压为 0.05 MPa±0.02 MPa 的喷头连续冲洗 180 s。筛毕，用少量水把筛余物冲至蒸发皿中，等水泥颗粒全部沉淀后，小心倒出清水，烘干并用天平称量全部筛余物质量，精确至 0.01 g。

3. 试验筛的清洗

试验筛必须保持洁净，筛孔通畅，使用 10 次后要进行清洗。金属筛框、铜丝网筛清洗时应用专门的清洗剂，不可用弱酸浸泡。

3.1.5 结果计算

水泥试样筛余百分数按式（3-1）计算，结果计算精确至 0.1%。

$$F = \frac{R_s}{m} \times 100 \qquad\qquad （3\text{-}1）$$

式中：F——水泥试样的筛余百分数（%）；

R_s——水泥筛余物的质量（g）；

m——水泥试样的质量（g）。

3.1.6 结果处理

（1）修正系数的测定，应按本实验附录 T0502A 进行。以两次平行试验结果（经修正系数修正）的算术平均值为测定值，结果精确至 0.1%；当两次筛余结果相差大于 0.3% 时，试验数据无效，需重新试验。

（2）负压筛法与水筛法测定的结果发生争议时，以负压筛法为准。

3.1.7 试验报告

试验报告应报告下列内容：要求检测的项目名称，试样编号，原材料的品种、规格和产地，试验日期及时间，仪器设备的名称、型号及编号，环境温度和湿度，试验采用方法，执行标准，水泥试样的筛余百分数，需要说明的其他内容。

附录 T 0502A　水泥试验筛的标定方法

A.1 用一种已知 45 μm 标准筛筛余百分数的粉状试样（该试样不受环境影响，筛余百分数不发生变化）作为标准样；按本方法第 3.1.4 的试验步骤，测定标准样在试验筛上的筛余百分数。

A.2 试验筛修正系数按式（T 0502A-1）计算，结果计算精确至 0.01。

$$C = \frac{F_n}{F_t} \qquad\qquad （\text{T 0502A-1}）$$

式中：C——试验筛修正系数；

F_n——标准样给定的筛余百分数（%）；

F_t——标准样在试验筛上的筛余百分数（%）。

注：修正系数 C 超出 0.80~1.20 范围时，试验筛应予以淘汰，不得使用。

A.3 水泥试样筛余百分数结果修正按式（T 0502A-2）计算，结果计算精确至 0.1%。

$$F_c = C \cdot F \qquad\qquad （\text{T 0502A-2}）$$

式中：F_c——水泥试样修正后的筛余百分数（%）；

C——试验筛修正系数；

F——水泥试样修正前的筛余百分数（%）。

3.2　标准稠度用水量、凝结时间、安定性

3.2.1　目的与适用范围

本方法规定了水泥标准稠度用水量、凝结时间和体积安定性的试验方法。本方法适用于通用硅酸盐水泥、道路硅酸盐水泥及指定采用本方法的其他品种水泥。

3.2.2　仪具与材料

（1）水泥净浆搅拌机：应符合现行《水泥净浆搅拌机》（JC/T 729）的要求。

（2）标准法维卡仪：应符合现行《水泥净浆标准稠度与凝结时间测定仪》（JC/T 727）的规定，标准稠度测定用试杆[图 3-4（a）]有效长度为 50 mm±1 mm，由直径为 10 mm+0.05 mm 的圆柱形耐腐蚀金属制成。测定凝结时间用试针[图 3-4（b）（c）]由钢制成，其有效长度初凝针 50 mm±1 mm、终凝针 30 mm±1 mm、圆柱体直径为 1.13 mm±0.5 mm。滑动部分的总质量为 300 g±1 g。与试杆、试针联结的滑动杆表面应光滑，能靠重力自由下落，不得有紧涩和旷动现象。

盛装水泥净浆的试模[图 3-4（d）（e）]应由耐腐蚀的、有足够硬度的金属制成。试模深度为 40 mm±0.2 mm，圆锥台顶内径为 65 mm±0.5 mm、底内径为 75 mm±0.5 mm，每只试模应配备一个边长或直径约为 100 mm、厚度为 4 mm~5 mm 的平板玻璃底板或金属底板。

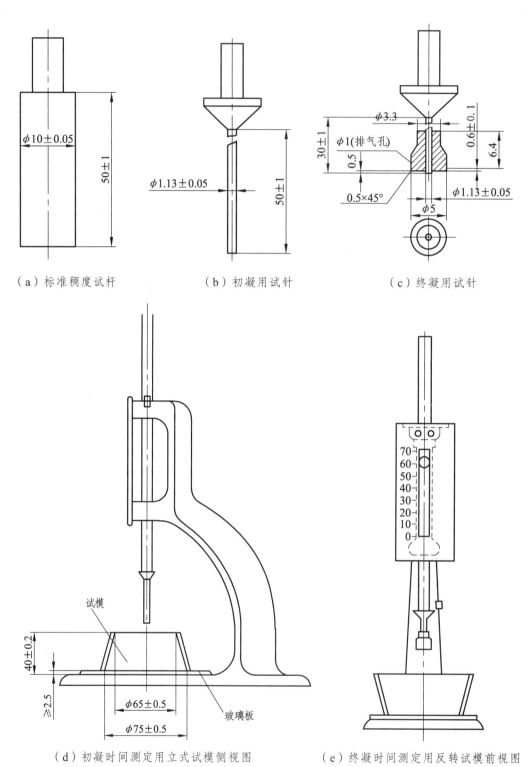

（a）标准稠度试杆　　　　　（b）初凝用试针　　　　　（c）终凝用试针

（d）初凝时间测定用立式试模侧视图　　　　（e）终凝时间测定用反转试模前视图

图 3-4　测定水泥标准稠度和凝结时间用的维卡仪（尺寸单位：mm）

（3）代用法维卡仪：应符合现行《水泥净浆标准稠度与凝结时间测定仪》（JC/T 727）的规定。

（4）沸煮箱：应符合现行《水泥安定性试验用沸煮箱》（JC/T 955）的规定。

（5）雷氏夹膨胀仪：由铜质材料制成，其结构如图 3-5 所示。当一根指针的根部先悬挂在一根金属丝或尼龙丝上，另一根指针的根部再挂上 300 g 质量的砝码时，两根指针针尖的距离增加应在 17.5 mm±2.5 mm 范围内，当去掉砝码后针尖的距离能恢复至挂砝码前的状态。雷氏夹受力示意图如图 3-6 所示。

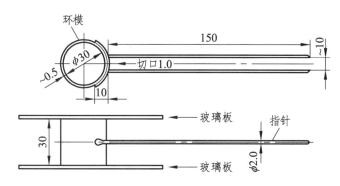

图 3-5　雷氏夹（尺寸单位：mm）

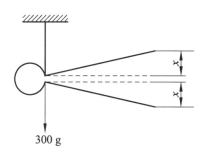

图 3-6　雷氏夹受力示意图

（6）量水器：分度值为 0.5 mL。

（7）天平：最大量程不小于 1000 g，感量不大于 1 g。

（8）水泥标准养护箱：温度控制在 20 ℃±1 ℃，相对湿度大于 90%。

（9）雷氏夹膨胀值测定仪：如图 3-7 所示，标尺最小刻度为 0.5 mm。

（10）秒表：分度值为 1 s。

3.2.3　试验准备

（1）水泥试样应充分拌匀，通过 0.9 mm 方孔筛，并记录筛余物情况，但要防止过筛时混进其他粉料。

（2）试验用水宜为洁净的饮用水，有争议时可用蒸馏水。

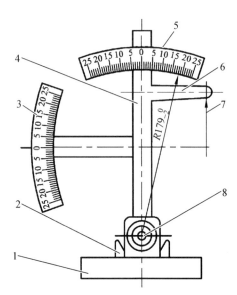

1—底座；2—模子座；3—测弹性标尺；4—立柱；5—测膨胀值标尺；6—悬臂；7—悬丝。

图 3-7　雷氏夹膨胀值测定仪（尺寸单位：mm）

3.2.4　试验环境

（1）试验室环境温度为 20 ℃±2 ℃，相对湿度大于 50%。

（2）水泥试样、拌和水、仪器和用具的温度应与试验室温度一致。

3.2.5　标准稠度用水量的测定

1．标准法

（1）试验前必须做到：维卡仪的金属棒能够自由滑动。试模和玻璃底板用湿布擦拭（但不允许有明水），将试模放在底板上。调整至试杆接触玻璃板时指针对准零点。水泥净浆搅拌机运行正常。

（2）水泥净浆的拌制：用水泥净浆搅拌机搅拌，搅拌锅和搅拌叶片先用湿布擦过，将拌和水倒入搅拌锅中，然后在 5 s～10 s 内小心将称好的 500 g 水泥加入水中，防止水和水泥溅出；拌和时，先将锅放在搅拌机的锅座上，升至搅拌位置，启动搅拌机，低速搅拌 120 s，停 15 s，同时将叶片和锅壁上的水泥浆刮入锅中间，接着高速搅拌 120 s 停机。

（3）标准稠度用水量的测定步骤。

拌和结束后，立即取适量水泥浆一次性将其装入已置于玻璃底板上的试模中，浆体超过试模上端，用宽约 25 mm 的直边刀轻轻拍打超出试模部分的浆体 5 次以排除浆体中的孔隙，然后在试模表面约 1/3 处，略倾斜于试模分别向外轻轻锯掉多余净浆，再从试模边沿轻抹顶部一次，使净浆表面光滑。在锯掉多余净浆和抹平的操作过程中，注意不要压实净浆；抹平后迅速将试模和底板移到维卡仪上，并将其中心定在试杆下，降低试杆直至与水泥净浆表面接触，拧紧螺丝 1 s~2 s 后，突然放松，使试杆垂直自由地沉入水泥净浆中。在试杆停止沉入或释放试杆 30 s 时记录试杆距底板之间的距离，升起试杆后立即擦净；整个操作应在搅拌后 90 s 内完成。以试杆沉入净浆并距底板 6 mm±1 mm 的水泥净浆即为标准稠度净浆。其拌和水量为该水泥的标准稠度用水量（P），按水泥质量的百分比计，结果精确至 1%。当试杆距玻璃板距离小于 5 mm 时，应适当减水，重复水泥浆的拌制和上述过程；若距离大于 7 mm，则应适当加水，并重复水泥浆的拌制和上述过程。

2. 代用法

（1）标准稠度用水量的测定可用调整水量法和不变水量法两种方法中的任何一种，发生争议时，以调整水量法为准。采用调整水量法测定标准稠度用水量时，拌和水量应按经验找水；采用不变水量法测定时，拌和水量为 142.5 mL，水量精确到 0.5 mL。

（2）试验前必须做到：仪器金属棒应能自由滑动；试锥降至模顶面位置时，指针应对准标尺零点；搅拌机运转应正常等。

（3）水泥净浆的拌制：用符合要求的水泥净浆搅拌机搅拌，搅拌锅和搅拌叶片先用湿棉布擦净，将称好的 500 g 水泥试样倒入搅拌锅内。拌和时，先将锅放在搅拌机锅座上，升至搅拌位置，启动机器，同时徐徐加入水拌和，慢速搅拌 120 s，停拌 15 s，接着快速搅拌 120 s 后停机。

（4）标准稠度用水量的测定。

拌和结束后，立即将拌制好的水泥净浆装入锥模中，用宽约 25 mm 的直边刀轻轻插捣 5 次，再轻轻振动 5 次，刮去多余净浆；抹平后迅速放到试锥下面固定位置上，将试锥降至净浆表面，拧紧螺丝 1 s~2 s 后，突然放松，使试锥垂直自由地沉入水泥净浆中。到试锥停止下沉时记录试锥下沉深度。整个操作应在搅拌后 90 s 内完成。

用调整水量方法测定时，以试锥下沉深度 30 mm±1 mm 时的净浆为标准稠度净浆。其拌和水量为该水泥的标准稠度用水量（P），按水泥质量的百分比计。如下沉深度超出范围，须另称试样，调整水量，重新试验，直至达到 30 mm±1 mm 为止。

用不变水量方法测定时，标准稠度用水量按式（3-2）计算，结果计算精确至 1%。

$$P = 33.4 - 0.185S \qquad (3-2)$$

式中：P——水泥标准稠度用水量（%）；

S——试锥下沉深度（mm）。

当试锥下沉深度小于 13 mm 时，应改用调整水量法测定。

3.2.6 凝结时间的测定

（1）试验前准备工作：调整凝结时间测定仪的试针接触玻璃板时，指针对准零点。

（2）试件的制备：以标准稠度用水量按 3.2.5 节制成标准稠度净浆（记录水泥全部加入水中的时间作为凝结时间的起始时间），一次装满试模，振动数次刮平，立即放入养护箱中。

（3）初凝时间的测定。

记录水泥全部加入水中至初凝状态的时间作为初凝时间，用分（min）计。试件在湿气养护箱中养护至加水后 30 min 时进行第一次测定。测定时，从湿气养护箱中取出试模放到试针下，降低试针直至与水泥净浆表面接触。拧紧螺丝 1 s～2 s 后，突然放松，试针垂直自由地沉入水泥净浆中。观察试针停止下沉或释放试针 30 s 时指针的读数。临近初凝时每隔 5 min（或更短时间）测定 1 次，当试针沉至距底板 4 mm±1 mm 时，为水泥达到初凝状态。当达到初凝时应立即重复测一次，当两次结论相同时才能定为达到初凝状态。

（4）终凝时间的测定。

由水泥全部加入水中至终凝状态的时间为水泥的终凝时间，用分（min）计。为了准确观测试针沉入的状况，在终凝针上安装了一个环形附件[图 3-4（c）]。待完成初凝时间测定后，立即将试模连同浆体以平移的方式从玻璃板上取下，翻转 180°，直径大端向上、小端向下放在玻璃板上，再放入湿气养护箱继续养护。临近终凝时间时每隔 15 min（或更短时间）测定 1 次，当试针沉入试体 0.5 mm 时，即环形附件开始不能在试体上留下痕迹时，为水泥达到终凝状态。达到终凝时需要在试体另外两个不同点测试，结论相同时才能确定达到终凝状态。

（5）测定时应注意，在最初测定的操作时应轻轻扶持金属柱，使其徐徐下降，以防止试针撞弯，但结果以自由下落为准；在整个测试过程中试针沉入的位置至少要距试模内壁 10 mm。每次测定不能让试针落入原针孔，每次测试完毕须将试针擦净并将试模放回湿气养护箱内，整个测试过程要防止试模振动。

3.2.7　安定性的测定

1. 标准法

（1）试验前准备工作：每个试样需要两个试件，每个雷氏夹需配备两个边长或直径约 80 mm、厚度为 4 mm~5 mm 的玻璃板，凡与水泥净浆接触的玻璃板和雷氏夹内表面都要稍稍涂上一层油。

（2）雷氏夹试件的制备方法：将预先准备好的雷氏夹放在已稍擦油的玻璃板上，并立即将已制好的标准稠度净浆一次装满雷氏夹，装浆时一只手轻轻扶持雷氏夹，另一只手用宽约 25 mm 的宽边刀在浆体表面轻轻插捣 3 次，然后抹平，盖上稍涂油的玻璃板，接着立即将试件移至湿气养护箱中养护 24 h±2 h。

（3）沸煮：调整好沸煮箱内的水位，使之在整个沸腾过程中都能没过试件，无须中途添补试验用水，同时又能保证在 30 min±5 min 内升至沸腾。脱去玻璃板取下试件，在检查试件无缺陷的情况下，先测量雷氏夹指针间的距离（A），精确到 0.5 mm，接着将试件放入沸煮箱水中的试件架上，指针朝上，试件之间互不交叉，然后在 30 min±5 min 内加热至沸腾并恒沸 180 min±5 min。

（4）结果判别：沸煮结束后，立即放掉沸煮箱中的热水，打开箱盖，待箱体冷却到室温，取出试件进行判别。测量雷氏夹指针尖端的距离（C），精确至 0.5 mm。当两个试件沸煮后增加距离（C-A）的平均值不大于 5.0 mm 时，即认为该水泥安定性合格；当两个试件沸煮后增加距离（C-A）的平均值大于 5.0 mm 时，应用同一样品重做一次试验。以复检结果为准。

2. 代用法

（1）试验前准备工作：每个样品需准备两块约 100 mm×100 mm 的玻璃板。凡与水泥净浆接触的玻璃板都要稍稍涂上一层油。

（2）试饼的成型方法：将制好的标准稠度净浆取出一部分分成两等份，使之成球形，放在预先准备好的玻璃板上，轻轻振动玻璃板并用湿布擦净的小刀由边缘向中央抹动，做成直径 70 mm~80 mm、中心厚约 10 mm、边缘渐薄、表面光滑的试饼，接着将试饼放入湿气养护箱中养护 24 h±2 h。

（3）沸煮：调整好沸煮箱内的水位，使之在整个沸腾过程中都能没过试件，无须中途添补试验加水，同时保证水在 30 min±5 min 内能沸腾。脱去玻璃板取下试饼，先检查试饼是否完整（如已开裂、翘曲，要检查原因，确定无外因时，该试饼已属不合格品，不必沸煮），在试饼无缺陷的情况下将试饼放入沸煮箱的水中算板上，然后在 30 min±5 min 内加热至水沸腾，并恒沸 180 min±5 min。

（4）结果判别：沸煮结束后，立即放掉沸煮箱中的热水，打开箱盖，待箱体冷却到室温后，取出试件进行判别。目测试饼未发现裂缝，用直尺检查也没有弯曲（使钢直尺和试饼底部紧靠，以两者间不透光为不弯曲）的试饼为安定性合格，反之为不合格。当两个试饼的结果有矛盾时，该水泥的安定性为不合格。

3.2.8　试验报告

试验报告应包括下列内容：要求检测的项目名称，试样编号，试验日期及时间，仪器设备的名称、型号及编号，环境温度和湿度，执行标准，使用检测方法，水泥试样的标准稠度用水量、凝结时间、安定性，要说明的其他内容。

3.3　水泥胶砂强度（ISO 法）

3.3.1　目的与适用范围

本方法规定了水泥胶砂强度的试验方法（ISO 法）。本方法适用于通用硅酸盐水泥、道路硅酸盐水泥及指定采用本方法的其他品种水泥。

3.3.2 仪具与材料

（1）胶砂搅拌机：属行星式，其搅拌叶片和搅拌锅作相反方向的转动。叶片和锅由耐磨的金属材料制成，叶片与锅底、锅壁之间的间隙为叶片与锅壁最近的距离。制造质量应符合现行《行星式水泥胶砂搅拌机》（JC/T 681）的规定。

（2）振动台：应符合现行《水泥胶砂试体成型振实台》（JC/T 682）的规定（图3-8）。由装有两个对称偏心轮的电动机产生振动，使用时固定于混凝土基座上。座高约400 mm，混凝土的体积约 0.25 m³，质量约 600 kg。为防止外部振动影响振实效果，可在整个混凝土基座下放一层约 5 mm 的天然橡胶弹性衬垫。将仪器用地脚螺丝固定在基座上，安装后设备成水平状态，仪器底座与基座之间要铺一层砂浆以确保它们完全接触。

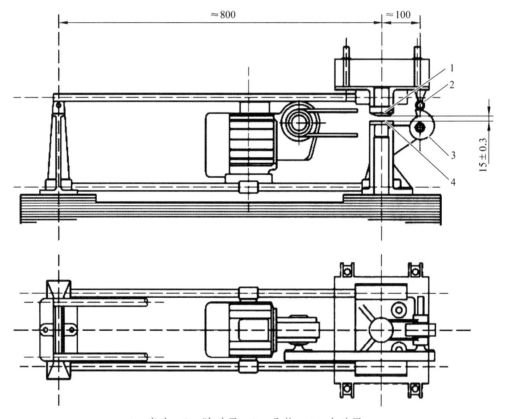

1—突头；2—随动器；3—凸轮；4—止动器。

图 3-8　典型振动台（尺寸单位：mm）

（3）代用振动台：其频率为 2800 次/mm~3000 次/mm，振实台为全波振幅0.75 mm±0.02 mm。代用振动台（图3-9）应符合现行《水泥胶砂振动台》（JC/T 723）的规定。

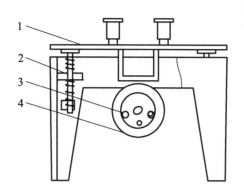

1—台板；2—弹簧；3—偏重轮；4—电动机。

图 3-9　代用振动台

（4）试模及下料漏斗。

试模为可装卸的三联模，由隔板、端板、底座等部分组成，制造质量应符合现行《水泥胶砂试模》（JC/T 726）的规定。可同时成型 3 条截面为 40 mm×40 mm×160 mm 的棱柱形试件。

下料漏斗由漏斗和模套两部分组成（图 3-10）。漏斗用厚为 0.5 mm 的白铁皮制作，下料口宽度一般为 4 mm~5 mm。模套高度为 20 mm，用金属材料制作。套模壁与模型内壁应重叠，超出内壁不应大于 1 mm。

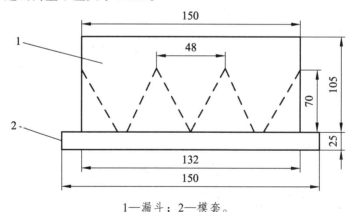

1—漏斗；2—模套。

图 3-10　下料漏斗（尺寸单位：mm）

（5）抗折试验机和抗折夹具。

抗折强度试验机：应符合现行《水泥胶砂电动抗折试验机》（JC/T 724）的规定。一般采用双杠杆式，也可采用性能符合要求的其他试验机，加荷与支撑圆柱必须用硬质钢材制造。3 根圆柱轴的 3 个竖向平面应平行，并在试验时继续保持平行和等距离垂直试件的方向，其中 1 根支撑圆柱能轻微地倾斜使圆柱与试件完全接触，以便荷载沿试件宽度方向均匀分布，同时不产生任何扭转应力，如图 3-11 所示。

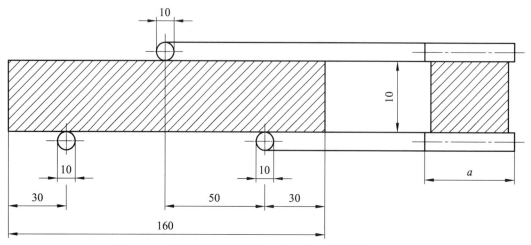

图 3-11　抗折强度测定加荷示意图（尺寸单位：mm）

抗折夹具：应符合现行《水泥胶砂电动抗折试验机》（JC/T 724）的规定。抗折强度也可用液压式试验机来测定，此时应采用符合上述规定的夹具。

（6）抗压试验机和抗压夹具。

抗压试验机：以 200 kN~300 kN 为宜。抗压试验机在较大的 4/5 量程范围内使用时，记录的荷载应有±1.0%的精度，并具有按 2400 N/s±200 N/s 速率加荷的能力，应具有 1 个能指示试件破坏时荷载的指示器。压力机的活塞竖向轴应与压力机的竖向轴重合，而且活塞作用的合力要通过试件中心。压力机的下压板表面应与该机的轴线垂直并在加荷过程中一直保持不变。

抗压夹具：应由硬质钢材制成，受压面积为 40 mm×40 mm，并应符合现行《40 mm×40 mm 水泥抗压夹具》（JC/T 683）的规定。

（7）天平：量程不小于 2000 g，感量不大于 1 g。

（8）水泥：水泥样品应贮存在气密的容器里，这个容器不应与水泥发生反应。试验前应混合均匀。

（9）试验用砂：ISO 标准砂。

（10）试验用水：饮用水。验收或有争议时应使用符合《分析实验室用水规格和试验方法》（GB/T 6682）规定的三级水。

3.3.3　试验环境

（1）试件成型试验室应保持温度为 20 ℃±2 ℃（包括强度试验室），相对湿度不应低于 50%。水泥试样、ISO 标准砂、拌和水及试模等的温度应与室温相同。

（2）养护箱或雾室温度为 20 ℃±1 ℃，相对湿度不低于 90%；养护水的温度为 20 ℃±1 ℃。

（3）试件成型试验室空气温度和相对湿度应在工作期间每天至少各记录一次。养护箱或雾室温度和相对湿度至少每 4 h 记录一次,在自动控制的情况下记录次数可以酌减至每天 2 次。

3.3.4 试件制备

(1)成型前将试模擦净,四周的模板与底座的接触面上应涂黄油,紧密装配,防止漏浆,内壁均匀地刷一薄层机油。

(2)水泥与 ISO 标准砂的质量比为 1∶3,水灰比为 0.5。火山灰质硅酸盐水泥、粉煤灰硅酸盐水泥、复合硅酸盐水泥和掺火山灰质混合料的流动度小于 180 mm 时,应以 0.01 整倍数递增的方法将水灰比调整至胶砂流动度不小于 180 mm 为止。

(3)每成型 3 条试件需称量的材料及用量为:水泥 450 g±2 g、ISO 标准砂 1350 g±5 g、水 225 mL±1 mL 或 225 g±1 g。

(4)将水加入锅中,再加入水泥,把锅放在固定架上。然后立即开动机器,低速搅拌 30 s 后,在第二个 30 s 开始的同时均匀地将砂子加入,再高速搅拌 30 s。停拌 90 s,在停拌开始的 15 s 内用胶皮刮具将叶片、锅壁和锅底上的胶砂刮入锅中。在高速下继续搅拌 60 s。在各个阶段时间误差应在±1 s 内。

(5)用振动台时,将空试模和模套固定在振动台上,用适当的勺子直接从搅拌锅中将胶砂分为两层装入试模。装第一层时,每个槽里约放 300 g 砂浆,用大播料器垂直架在模套顶部,沿每个模套来回一次,将料层播平,接着振实 60 次。再装入第二层胶砂,用小播料器播平,再振实 60 次。移走模套,用刮尺以 90°的角度架在试模顶的一端,沿试模长度方向以横向锯割动作慢慢向另一端移动,一次将超出试模的胶砂刮去,并用同一直尺将试件表面抹平。

(6)用代用振动台成型时,同时将试模及下料漏斗卡紧在振动台台面中心。将搅拌好的全部胶砂均匀地装于下料漏斗中,开始振动 120 s±5 s 停车。振动完毕,取下试模,用刮平尺按上述方法刮去多余胶砂并抹平试件。

(7)在试模上作标记或加字条表明试件的编号和试件相对于振动台的位置。两个龄期以上的试件,编号时应将同一试模中的 3 条试件分在两个以上的龄期内。

(8)试验前或更换水泥品种时,搅拌锅、叶片和下料漏斗等必须抹擦干净。

3.3.5 试体的养护

(1)编号后,将试模放入养护箱养护,养护箱内算板必须水平。水平放置时刮平面应朝上。对于 24 h 龄期的,应在破型试验前 20 min 内脱模。对于 24 h 以上龄期的,应在成型后 20 h~24 h 内脱模。脱模时要非常小心,应防止试件损伤。硬化较慢的水泥允许延期脱模,但须记录脱模时间。

(2)试件脱模后即放入水槽中养护,试件之间的间隙或试件上表面的水深不得小于 5 mm。每个养护池中只能养护同类水泥试件,并应保持恒定水位,不允许养护期间全部换水。

（3）除 24 h 龄期或延迟 48 h 脱模的试件外，任何到龄期的试件应在试验（破型）前 15 min 从水中取出。抹去试件表面沉淀物，并用湿布覆盖。

3.3.6 抗折强度试验

（1）以中心加荷法测定抗折强度。采用杠杆式抗折试验机试验时，试件放入前，应使杠杆呈水平状态。试件放入后调整夹具，使杠杆在试件折断时尽可能接近水平位置。

（2）抗折试验加荷速度为 50 N/s±10 N/s，直至折断，并保持两个半截棱柱体处于潮湿状态直至抗压试验。

（3）抗折强度按式（3-3）计算，结果计算精确至 0.1 MPa：

$$R_f = \frac{1.5F_f \cdot L}{b^3} \tag{3-3}$$

式中：R_f——抗折强度（MPa）；

$\quad\quad F_f$——破坏荷载（N）；

$\quad\quad L$——支撑圆柱中心距（mm）；

$\quad\quad b$——试件断面正方形的边长，为 40 mm。

（4）取 3 块试件抗折强度测定值的算术平均值，结果精确至 0.1 MPa。当 3 个强度值中有超过平均值±10%的值时，应剔除后再平均，以平均值作为抗折强度试验结果。

3.3.7 抗压强度试验

（1）抗折试验后的两个断块应立即进行抗压试验。抗压试验须用抗压夹具进行，试件受压面为试件成型时的两个侧面，面积为 40 mm×40 mm。试验前应清除试件受压面与加压板间的砂粒或杂物。试验时以试件的侧面作为受压面，试件的底面靠紧夹具定位销，并使夹具对准压力机压板中心。

（2）压力机加荷速度应控制在 2400 N/s±200 N/s 速率范围内，在接近破坏时更应严格掌握。

（3）抗压强度按公式（3-4）计算，结果计算精确至 0.1MPa：

$$R_c = \frac{F_c}{A} \tag{3-4}$$

式中：R_c——抗压强度（MPa）；

$\quad\quad F_c$——破坏荷载（N）；

$\quad\quad A$——受压面积，为 40 mm×40 mm（mm²）。

（4）取 6 个抗压强度测定值的算术平均值，结果精确至 0.1MPa。如果 6 个强度值中有 1 个值超过平均值±10%。应剔除后再以剩下的 5 个结果取平均。如果 5 个值中再有超过平均值±10%的，则此组试件无效。

3.3.8　试验报告

试验报告应包括下列内容：要求检测的项目名称，原材料的品种、规格和产地，试验日期及时间，仪器设备的名称、型号及编号，环境温度和湿度，执行标准，不同龄期对应的水泥试样的抗折强度、抗压强度，报告中应包括所有单个强度结果（包括舍去的试验结果）和计算出的平均值，要说明的其他内容。

？ 思考题

（1）水泥细度测试所用负压筛的孔径、压力是多少？并分析其对水泥细度结果的影响。

（2）水泥试样的筛分百分数为 3.0%，负压筛的修正系数为 0.8，则最终结果为多少？

（3）简述水泥标准稠度用水量测试方法的种类和区别。

（4）什么是水泥的初凝和终凝？各自的试验判定标准是什么？

（5）什么是水泥的安定性？简述水泥安定性测试方法的种类和区别。

（6）试描述水泥胶砂强度试件的尺寸、材料用量和制备方法。

（7）试描述水泥胶砂强度试件的养护条件和养护方法。

（8）试分析水泥胶砂强度测试注意事项。

（9）水泥抗折强度和抗压强度应如何计算和取值？

4 混凝土试验

4.1 水泥混凝土拌合物的拌和与现场取样方法

4.1.1 目的与适用范围

本方法规定了水泥混凝土拌合物室内拌和与现场取样方法。本方法适用于普通水泥混凝土的拌和与现场取样，也适用于轻质水泥混凝土、防水水泥混凝土、碾压混凝土等其他特种水泥混凝土的拌和与现场取样，但因其特殊性所引起的对仪具及方法的特殊要求，均应按这些水泥混凝土的相关技术规定进行。

4.1.2 仪具与材料

（1）强制式搅拌机：应符合现行《混凝土试验用搅拌机》（JG 244）的规定。

（2）振动台：应符合现行《混凝土试验用振动台》（JG/T 245）的规定。

（3）磅秤：最大量程不小于 50 kg，感量不大于 5 g。

（4）天平：最大量程不小于 2000 g，感量不大于 1 g。

（5）其他：铁板、铁铲等。

4.1.3 拌和步骤

（1）拌和时保持室温 20 ℃±5 ℃，相对湿度大于 50%。

（2）拌和前，应将材料放置在 20 ℃±5 ℃的室内，且时间不宜少于 24 h。

（3）为防止粗集料的离析，可将集料分档堆放，使用时再按一定比例混合。试样在从抽样至试验结束的整个过程中，避免阳光直晒和水分蒸发，必要时应采取保护措施。

（4）拌合物的总量至少应比所需量多 20%。拌制混凝土的材料以质量计，称量的精确度：集料为±1%，水、水泥、掺合料和外加剂为±0.5%。

（5）粗集料、细集料均以干燥状态（含水率小于 0.5%的细集料和含水率小于 0.2%的粗集料）为基准，计算用水量时应扣除粗集料、细集料的含水量。

（6）外加剂的加入：对于不溶于水或难溶于水且不含潮解型盐类的外加剂，应先和一部分水泥拌和，以保证分散；对于不溶于水或难溶于水但含潮解类型盐类的外加剂，应先和细集料拌和；对于水溶性或液体外加剂，应先和水均匀混合；其他特殊外加剂，尚应符合相关标准的规定。

（7）拌制混凝土所用各种用具，如铁板、铁铲、抹刀，应预先用水润湿，使用后必须清洗干净。

（8）使用搅拌机前，应先用少量砂浆进行涮膛，再刮出涮膛砂浆，以避免正式拌和混凝土时水泥砂浆沾附筒壁的损失。涮膛砂浆的水灰比及砂灰比，应与正式的混凝土配合比相同。

（9）用拌和机拌和时，拌和量宜为搅拌机最大容量的 1/4~3/4。

（10）搅拌机搅拌：

按规定称好原材料，往搅拌机内顺序加入粗集料、细集料、水泥。开动搅拌机，将材料拌和均匀，在拌和过程中徐徐加水，全部加料时间不宜超过 2 min。水全部加入后，继续拌和约 2 min，而后将拌合物倒出在铁板上，再经人工翻拌 1 min~2 min，务必使拌合物均匀一致。

（11）人工拌和：

采用人工拌和时，先用湿布将铁板、铁铲润湿，再将称好的砂和水泥在铁板上拌匀，加入粗集料，再混合搅拌均匀。而后将此拌合物堆成长堆，中心扒成长槽，将称好的水倒入约一半，将其与拌合物仔细拌匀；再将材料堆成长堆，扒成长槽，倒入剩余的水，继续进行拌和。来回翻拌至少 10 遍。

（12）从试样制备完毕到开始做各项性能试验不宜超过 5 min（不包括成型试件）。

4.1.4　现场取样

（1）新拌混凝土现场取样：凡是从搅拌机、料斗、运输小车以及浇制的构件中取新拌混凝土代表性样品时，均须从 3 处以上的不同部位抽取大致相同分量的代表性样品（不要抽取已经离析的混凝土），在室内集中用铁铲翻拌均匀，而后立即进行拌合物的试验。拌合物取样量应多于试验所需数量的 1.5 倍，且最小体积不宜小于 20 L。

（2）从第一次取样到最后一次取样，不宜超过 15 min。

4.2　水泥混凝土拌合物稠度（坍落度仪法）

4.2.1　目的与适用范围

本方法规定了采用坍落度仪测定水泥混凝土拌合物稠度的方法。本方法适用于坍落度大于 10 mm、集料公称最大粒径不大于 31.5 mm 的水泥混凝土的坍落度测定。

4.2.2　仪具与材料

（1）坍落筒：如图 4-1 所示，应符合现行《混凝土坍落度仪》（JG/T 248）的规定。坍落筒为铁板制成的截头圆锥筒，厚度不小于 1.5 mm，内侧平滑，没有铆钉头之类的突出物，在筒上方约 2/3 高度处有两个把手，近下端两侧焊有两个脚踏板，保证坍落筒可以稳定操作。坍落筒尺寸见表 4-1。

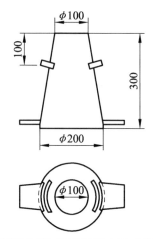

图 4-1　坍落度试验用坍落筒（尺寸单位：mm）

表 4-1　坍落筒尺寸

集料公称最大粒径/mm	筒的名称	筒的内部尺寸/mm		
		底面直径	顶面直径	高度
≤31.5	标准坍落筒	200±2	100±2	300±2

（2）捣棒：直径为 16 mm、长约 600 mm 并具有半球形端头的钢质圆棒。

（3）钢尺：分度值为 1 mm。

（4）其他：小铲、木尺、抹刀和钢平板等。

4.2.3　试验步骤

（1）试验前将坍落筒内外洗净，放在经水湿润过的平板上（平板吸水时应垫以塑料布），并踏紧脚踏板。

（2）将代表样分 3 层装入筒内，每层装入高度稍大于筒高的 1/3，用捣棒在每一层的横截面上均匀插捣 25 次。插捣在全部面积上进行，沿螺旋线由边缘至中心，插捣底层时插至底部，插捣其他两层时，应插透本层并插入下层 20 mm~30 mm；插捣须垂直压下（边缘部分除外），不得冲击。在插捣顶层时，装入的混凝土应高出坍落筒，随插捣过程随时添加拌合物。当顶层插捣完毕后，将捣棒用锯和滚的动作，清除多余的混凝土，用抹刀抹平筒口，刮净筒底周围的拌合物。而后立即垂直地提起坍落筒，提筒在 3 s~7 s 内完成，并使混凝土不受横向及扭力作用。从开始装料到提出坍落筒整个过程应在 150 s 内完成。

（3）将坍落筒放在锥体混凝土试样一旁，筒顶平放木尺，用钢尺量出木尺底面至试样顶面最高点的垂直距离，即为该混凝土拌合物的坍落度，精确至 1 mm。

（4）当混凝土试件的一侧发生崩塌或一边剪切破坏时，应重新取样另测。如果第二次仍发生上述情况，则表示该混凝土和易性不好，应记录。

（5）当混凝土拌合物的坍落度大于 160 mm 时，用钢尺测量混凝土扩展后最终的最大直径和最小直径，在这两个直径之差小于 50 mm 的条件下，用其算术平均值作为坍落扩展度值；否则，此次试验无效。

（6）坍落度试验的同时，可用目测方法评定混凝土拌合物的下列性质，并予记录。

棍度：按插捣混凝土拌合物时难易程度评定，分"上""中""下"三级。"上"表示插捣容易，"中"表示插捣时稍有石子阻滞的感觉，"下"表示很难插捣。

黏聚性：观测拌合物各组成相互黏聚情况。评定方法是用捣棒在已坍落的混凝土锥体侧面轻打，如锥体在轻打后逐渐下沉，表示黏聚性良好；如锥体突然倒塌、部分崩裂或发生石子离析现象，则表示黏聚性不好。

保水性：水分从拌合物中析出情况，分"多量""少量""无"三级评定。"多量"表示提起坍落筒后，有较多水分从底部析出；"少量"表示提起坍落筒后，有少量水分从底部析出；"无"表示提起坍落筒后，没有水分从底部析出。

4.2.4　结果处理

混凝土拌合物坍落度和坍落扩展度以毫米（mm）为单位，测量值精确至 1 mm，结果修约至 5 mm。

4.2.5　试验报告

试验报告应包括下列内容：要求检测的项目名称、执行标准，原材料的品种、规格和产地以及混凝土配合比，试验日期及时间，仪器设备的名称、型号及编号，环境温度和湿度，搅拌方式，水泥混凝土拌合物坍落度（坍落扩展度值），要说明的其他内容（如棍度、黏聚性和保水性）。

4.3　水泥混凝土拌合物体积密度

4.3.1　目的与适用范围

本方法规定了水泥混凝土拌合物体积密度的试验方法。本方法适用于测定水泥混凝土拌合物捣实后的体积密度。

4.3.2　仪具与材料

（1）容量筒：应为刚性金属制成的圆筒，筒外壁两侧应有把手。对于集料最大粒径不大于 31.5 mm 的混凝土拌合物，宜采用容积不小于 5 L 的容量筒，其内径与内高均为 186 mm±2 mm，壁厚不应小于 3 mm。对于集料最大粒径大于 31.5 mm 的拌合物所采用容量筒，其内径与内高均应大于集料最大粒径的 4 倍。容量筒上沿及内壁应光滑平整，顶面与底面应平行并应与圆柱体的轴垂直。

（2）电子天平：最大量程不小于 50 kg，感量不大于 10 g。

（3）捣棒：直径为 16 mm、长约 600 mm 并具有半球形端头的钢质圆棒。

（4）振动台：应符合现行《混凝土试验用振动台》（JG/T 245）的规定。

（5）其他：金属直尺、抹刀、玻璃板等。

4.3.3　容量筒标定

（1）应将干净容量筒与玻璃板一起称重，精确至 10 g。

（2）将容量筒装满水，缓慢将玻璃板从筒口一侧推到另一侧。容量筒内应充满水，且不应存在气泡。擦干容量筒外壁，再次称重。

（3）两次称重结果之差除以该温度下水的密度，则为容量筒的容积 V，常温下水的密度可取 1000 g/m³。

4.3.4　试验步骤

（1）试验前将已明确体积的容量筒用湿布擦拭干净，称出质量 m_1，精确至 10 g。

（2）当坍落度不大于 90 mm 时，混凝土拌合物宜用振动台振实。用振动台振实时，应一次性将混凝土拌合物装填至高出容量筒筒口。装料时可用捣棒稍加插捣，振动过程中若混凝土低于筒口，应随时添加混凝土，振动直至拌合物表面出现水泥浆为止。

（3）当坍落度大于 90 mm 时，混凝土拌合物宜用捣棒插捣密实。插捣时，应根据容量筒的大小决定分层与插捣次数：用 5 L 容量筒时，混凝土拌合物应分两层装入，每层的插捣次数应为 25 次；用大于 5 L 的容量筒时，每层混凝土的高度不应大于 100 mm，每层插捣次数按每 10000 mm² 截面积不小于 12 次计算；用捣棒从边缘到中心沿螺旋线均匀插捣；捣棒应垂直压下，不得冲击，插捣底层时应至筒底，插捣第二层时，捣棒应插透本层至下一层的表面；每一层捣完后用橡皮锤沿容量筒外壁敲击 5 次~10 次，进行振实，直至混凝土拌合物表面插捣孔消失并不见大泡为止。

（4）自密实混凝土应一次性填满，且不应进行振动和插捣。

（5）将筒口多余的混凝土拌合物刮去，表面有凹陷应填补，用抹刀抹平，并用玻璃板检验；应将容量筒外壁擦净，称出混凝土拌合物试样与容量筒总质量 m_2，精确至 10 g。

4.3.5　结果计算

（1）水泥混凝土拌合物体积密度按式（4-1）计算，计算结果精确到 10 kg/m³。

$$\rho_h = \frac{m_2 - m_1}{V} \times 1000 \tag{4-1}$$

式中：ρ_h——水泥混凝土拌合物体积密度（kg/m³）；

m_1——容量筒质量（kg）；

m_2——捣实或振实后混凝土和容量筒总质量（kg）；

V——容量筒容积（L）；

（2）以两次试验测值的算术平均值作为试验结果，结果精确到 10 kg/m³，试样不得重复使用。

4.3.6 试验报告

试验报告应包括下列内容：要求检测的项目名称、执行标准，原材料的品种、规格和产地以及混凝土配合比，试验日期及时间，仪器设备的名称、型号及编号，环境温度和湿度，水泥混凝土拌合物体积密度，要说明的其他内容。

4.4 水泥混凝土试件制作

4.4.1 目的与适用范围

本方法规定了在常温环境中室内试验时水泥混凝土试件制作方法。

4.4.2 仪具与材料

（1）强制搅拌机：应符合现行《混凝土试验用搅拌机》（JG 244）的规定。
（2）振动台：应符合现行《混凝土试验用振动台》（JG/T 245）的规定。
（3）试模。

非圆柱试模：应符合现行《混凝土试模》（JG 237）的规定。

圆柱体试模：直径误差小于 $d/200$，高度误差应小于 $h/100$（d 为直径，h 为高度）。试模的底板平面度公差不超过 0.02 mm。组装试模时，圆筒纵轴与底板应成 90°，允许公差为 0.5°。

喷射混凝土试模：尺寸为 450 mm×450 mm×120 mm（长×宽×高），模具一侧边为敞开状。

（4）试件尺寸。

常用的几种试件尺寸（试件内部尺寸）和最大粒径规定见表 4-2。所有试件承压面的平面度公差不超过 0.0005d（d 为边长）。

表 4-2 试件尺寸

试件名称	标准尺寸（集料最大粒径）/mm	非标准尺寸（集料最大粒径）/mm
立方体抗压强度试件	150×150×150（31.5）	100×100×100（26.5） 200×200×200（53）
圆柱轴心抗压强度试件（高径比为 2∶1）	ϕ150×300（31.5）	ϕ100×200（26.5） ϕ200×400（53）
钻芯样抗压强度试件（高径比为 1∶1）	ϕ150×150（31.5）	ϕ75×75（19） ϕ100×100（26.5）

续表

试件名称	标准尺寸（集料最大粒径）/mm	非标准尺寸（集料最大粒径）/mm
棱柱体轴心抗压强度试件	150×150×300（31.5）	100×100×300（26.5） 200×200×400（53）
立方体劈裂抗压强度试件	150×150×150（31.5）	100×100×100（26.5）
圆柱劈裂抗拉强度试件	$\phi 150 \times L_m$（31.5）	$\phi 100 \times L_m$（26.5） $\phi 200 \times L_m$（53）
钻芯样劈裂抗拉强度试件	$\phi 150 \times L_m$（31.5）	$\phi 75 \times L_m$（19） $\phi 100 \times L_m$（26.5）
抗压弹性模量试件	150×150×300（31.5）	100×100×300（26.5） 200×200×400（53）
圆柱轴心抗压弹性模量试件（高径比为 2∶1）	$\phi 150 \times 300$（31.5）	$\phi 100 \times 200$（26.5） $\phi 200 \times 400$（53）
抗弯拉强度试件	150×150×550（31.5）	100×100×400（26.5）
抗弯拉弹性模量试件	150×150×550（31.5）	100×100×400（26.5）
喷射混凝土试件	100×100×100 或 $\phi 100 \times 100$	—
混凝土动弹性模量试件	100×100×400（31.5）	L/α=3、4、5 的其他尺寸，其中 α 为宽度（不小于 100 mm），L 为长度（mm）
混凝土收缩试件（接触法）	$\phi 100 \times 400$（31.5）	—
混凝土收缩试件(非接触法)	100×100×515（31.5）	150×150×515（31.5） 200×200×515（50）
混凝土限制膨胀率试件	100×100×400（31.5）	—
混凝土抗冻试件（快冻法）	100×100×400（31.5）	—
混凝土耐磨试件	150×150×150（31.5）	$\phi 150 \times L_m$ 芯样试件
抗渗试件	上口直径为 175 mm，下口直径为 185 mm，高为 150 mm 的锥台	上下直径与高度均为 150 mm 的圆柱体
抗氯离子渗透试件	$\phi 100 \times 50$（26.5）	

注：括号中的数字为试件中集料公称最大粒径（mm）。标准试件的最小尺寸不宜小于粗集料最大粒径的 3 倍。L_m 为圆柱体平均长度。

（5）捣棒：直径为 16 mm，长约 600 mm 并具有半球形端头的钢质圆棒。

（6）压板：用于圆柱试件的顶端处理，一般为厚 6 mm 以上的毛玻璃，压板直径应比试模直径大 25 mm 以上。

（7）橡皮锤：应带有质量约 250 g 的橡皮锤头。

（8）游标卡尺：最大量程不小于 300 mm，分度值为 0.02 mm。

4.4.3 非圆柱体试件成型

（1）水泥混凝土的拌和应按 4.1 的规定进行。成型前试模内壁涂一薄层矿物油。

（2）取拌合物的总量至少应比所需量高 20%，并取出少量混凝土拌合物代表样，在 5 min 内进行坍落度或维勃试验，认为品质合格后，应在 15min 内开始制作或做其他试验。

（3）当坍落度小于 25 mm 时，可采用 ϕ25 mm 的插入式振捣棒成型。将混凝土拌合物一次装入试模，装料时应用抹刀沿各试模壁插捣，并使混凝土拌合物高出试模口；振捣时捣棒距底板 10 mm~20 mm，且不要接触底板。振动直至表面出浆为止，且应避免过振，以防止混凝土离析，一般振捣时间为 20 s。振捣棒拔出时要缓慢，拔出后不得留有孔洞。用刮刀刮去多余的混凝土，在临近初凝时，用抹刀抹平。试件抹面与试模边缘高低差不得超过 0.5 mm。

（4）当坍落度大于 25 mm 且小于 90 mm 时，用标准振动台成型。将试模放在振动台上夹牢，防止试模自由跳动，将拌合物一次装满试模并稍有富余，开动振动台至混凝土表面出现乳状水泥浆时为止。振动过程中随时添加混凝土使试模常满，记录振动时间（约为维勃秒数的 2 倍~3 倍，一般不超过 90 s）。振动结束后，用金属直尺沿试模边缘刮去多余混凝土，用抹刀将表面初次抹平，待试件收浆后，再次用抹刀将试件仔细抹平，试件表面与试模边缘的高低差不得超过 0.5 mm。

（5）当坍落度大于 90 mm 时，用人工成型。拌合物分厚度大致相等的两层装入试模。捣固时按螺旋方向从边缘到中心均匀地进行。插捣底层混凝土时，捣棒应到达模底；插捣上层时，捣棒应贯穿上层后插入下层 20 mm~30 mm 处。插捣时应用力将捣棒压下，保持捣棒垂直，不得冲击，捣完一层后，用橡皮锤轻轻击打试模外端面 10 下~15 下，以填平插捣过程中留下的孔洞。每层插捣次数：100 cm^2 面积内不得少于 12 次。试件抹面与试模边缘高低差不得超过 0.5 mm。

（6）当试样为自密实混凝土时，在新拌混凝土不离析的状态下，将自密实混凝土搅拌均匀后直接倒入试模内。不得使用振动台和插捣方式成型，但可以采用橡皮锤辅助振动。试样一次填满试模后，可用橡皮锤沿着试模中线位置轻轻敲击 6 次/侧面。用抹刀将试件仔细抹平，使表面略低于试模边缘 1 mm~2 mm。

4.4.4 圆柱体试件成型

（1）水泥混凝土的拌和应按 4.1 的规定进行。成型前试模内壁涂一薄层矿物油。

（2）取拌合物的总量至少应比所需量高 20%，并取出少量混凝土拌合物代表样，在 5 min 内进行坍落度或维勃试验，认为品质合格后，应在 15 min 内开始制作或做其他试验。

（3）当坍落度小于 25 mm 时，可采用 ϕ25 mm 的插入式振捣棒成型。拌合物分厚度大致相等的两层装入试模。以试模的纵轴为对称轴，呈对称方式填料。插入密度以每层分 3 次插入。振捣底层时，振捣棒距底板 10 mm~20 mm 且不要接触底板；振捣上层时，振捣棒插入该层底面下 15 mm 深。振动直到表面出浆为止，且应避免过振，以防止混凝土离析，一般振捣时间为 20 s。捣完一层后，如有棒坑留下，可用橡皮锤敲击试模侧面 10 下~15 下。振捣棒拔出时要缓慢。用刮刀刮去多余的混凝土，在临近初凝时，用抹刀抹平，使表面略低于试模边缘 1 mm~2 mm。

（4）当坍落度大于 25 mm 且小于 90 mm 时，用标准振动台成型。将试模放在振动台上夹牢，防止试模自由跳动，将拌合物一次装满试模并稍有富余，开动振动台至混凝土表面出现乳状水泥浆时为止。振动过程中随时添加混凝土使试模常满，记录振动时间（约为维勃秒数的 2 倍~3 倍，一般不超过 90 s）。振动结束后，用金属直尺沿试模边缘刮去多余混凝土，用抹刀将表面初次抹平，待试件收浆，再次用抹刀将试件仔细抹平，使表面略低于试模边缘 1 mm~2 mm。

（5）当坍落度大于 90 mm 时，用人工成型。

对于试件直径为 ϕ200 mm 的试模，拌合物分厚度大致相等的 3 层装入试模。以试模的纵轴为对称轴，呈对称方式填料。每层插捣 25 下，捣固时按螺旋方向从边缘到中心均匀地进行。插捣底层时，捣棒应到达模底；插捣上层时，捣棒插入该层底面下 20 mm~30 mm 处。插捣时应用力将捣棒压下，不得冲击，捣完一层后，如有棒坑留下，可用橡皮锤敲击试模侧面 10 下~15 下。用抹刀将试件仔细抹平，使表面略低于试模边缘 1 mm~2 mm。

而对于试件直径 ϕ100 mm 或 ϕ150 mm 的试模，分两层装料，各层厚度大致相等。试件直径为 ϕ150 mm 时，每层插捣 15 下；试件直径为 ϕ100 mm 时，每层插捣 8 下。捣固时按螺旋方向从边缘到中心均匀地进行。插捣底层时，捣棒应到达模底；插捣上层时，捣棒插入该层底面下 15 mm 深。用抹刀将试件仔细抹平，使表面略低于试模边缘 1 mm~2 mm。

（6）当试样为自密实混凝土时，在新拌混凝土不离析的状态下，将自密实混凝土搅拌均匀后直接倒入试模内，不得使用振动台和插捣方式成型，但可以采用橡皮锤辅助振动。试样一次填满试模后，用橡皮锤沿着试模中线位置均匀轻轻敲击 25 次。用抹刀将试件仔细抹平，使表面略低于试模边缘 1 mm~2 mm。

（7）对试件端面应进行整平处理，但加盖层的厚度应尽量薄。

拆模前当混凝土具有一定强度后，用水洗去上表面的浮浆，并用干抹布吸去表面水之后，抹上干硬性水泥净浆，用压板均匀地盖在试模顶部。加盖层应与试件的纵轴垂直。为防止压板和水泥浆之间的黏结，应在压板下垫一层薄纸。

对于硬化试件的端面处理，可采用硬石膏或硬石膏和水泥的混合物，加水后平铺在端面，并用压板进行整平。也可以采用下面任一方法：①使用硫黄与矿质粉末的混合物（如耐火黏土粉、石粉等）在 180 ℃~210 ℃间加热（温度更高时将使混合物烘成橡胶状，使强度变弱），摊铺在试件顶面，用试模钢板均匀按压，放置 2 h 以上即可进行强度试验；②用环氧树脂拌水泥，根据需要硬化时间加入乙二胺，将此浆膏在试件顶面大致摊平，在钢板面上垫一层薄塑料膜，再均匀地将浆膏压平；③在有充分时间时，也可用水泥浆膏抹顶，使用矾土水泥的养护时间在 18 h 以上，使用硅酸盐水泥的养护时间在 3 d 以上。

对不采用端部整平处理的试件，可采用切割的方法达到端面和纵轴垂直。修平后的端面应与试件的纵轴相垂直，端面的平整度公差在±0.1 mm 以内。

4.4.5　养　护

（1）试件成型后，用湿布覆盖表面（或其他保持湿度办法），在室温 20 ℃±5 ℃、相对湿度大于 50%的情况下，静放一个到两个昼夜，然后拆模并作第一次外观检查、编号，对有缺陷的试件应除去，或加工补平。

（2）将完好试件放入标准养护室进行养护，标准养护室温度为 20 ℃±2 ℃，相对湿度在 95%以上，试件宜放在铁架或木架上，间距至少为 10 mm~20 mm，试件表面应保持一层水膜，并避免用水直接冲淋。当无标准养护室时，将试件放入温度 20 ℃±2 ℃ 的饱和 $Ca(OH)_2$ 溶液中养护。

（3）标准养护龄期为 28 d（以搅拌加水开始），非标准养护的龄期为 1 d、3 d、7 d、60 d、90 d、180 d。

4.5　水泥混凝土立方体抗压强度

4.5.1　目的与适用范围

本方法规定了水泥混凝土抗压强度的试验方法。本方法适用于各类水泥混凝土立方体试件的抗压强度试验，也适用于高径比为 1∶1 的钻芯试件。

4.5.2　仪具与材料

（1）压力机或万能试验机：压力机应符合现行《液压式万能试验机》（GB/T 3159）及《试验机　通用技术要求》（GB/T 2611）的规定，其测量精度为±1%，试件破坏荷载应大于压力机全量程的 20%且小于压力机全量程的 80%。压力机同时应具有加荷速度指示装置或加荷速度控制装置，上下压板平整并有足够刚度，可均匀地连续加荷卸荷，可保持固定荷载，开机停机均匀灵活自如，能够满足试件破型吨位要求。

（2）球座：钢质坚硬，面部平整度要求在 100 mm 距离内的高低差值不超过 0.05 mm，球面及球窝粗糙度 R_a=0.32 μm，研磨、转动灵活。不应在大球座上做小试件破型，球座宜放置在试件顶面（特别是棱柱试件），并使凸面朝上，当试件均匀受力后，不宜再敲动球座。

（3）混凝土强度等级大于或等于 C50 时，试件周围应设置防崩裂网罩。

4.5.3 试件制备与养护

（1）试验制备和养护应符合 4.4 的规定。

（2）试件尺寸应符合 4.4 中表 4-2 的规定。

（3）集料最大粒径应符合 4.4 中表 4-2 的规定。

（4）混凝土立方体抗压强度试件应同龄期者为一组，每组为 3 个同条件制作和养护的混凝土试块。

4.5.4 试验步骤

（1）至试验龄期时，自养护室取出试件，应尽快试验，避免其湿度变化。

（2）取出试件，检查其尺寸及形状，相对两面应平行。量出棱边长度，精确至 1 mm。试件受力截面积按其与压力机上下接触面的平均值计算。在破型前，保持试件原有湿度，在试验时擦干试件。

（3）以成型时侧面为上下受压面，试件中心应与压力机几何对中。圆柱体应对端面进行处理，确保端面的平行度。

（4）混凝土强度等级小于 C30 时，取 0.3 MPa/s~0.5 MPa/s 的加载速度；混凝土强度等级大于或等于 C30 小于 C60 时，取 0.5 MPa/s~0.8 MPa/s 的加载速度；混凝土强度等级大于或等于 C60 时，则取 0.8 MPa/s~1.0 MPa/s 的加载速度。当试件接近破坏而开始迅速变形时，应停止调整试验机油门，直至试件破坏，记下破坏极限荷载 F。

4.5.5 结果计算

（1）混凝土立方体试件抗压强度按式（4-2）计算，结果计算精确至 0.1 MPa。

$$f_{cu} = \frac{F}{A} \qquad\qquad （4-2）$$

式中：f_{cu}——混凝土立方体抗压强度（MPa）；

　　　F——极限荷载（N）；

　　　A——受压面积（mm^2）。

（2）混凝土强度等级小于 C60 时，非标准试件的抗压强度应乘以尺寸换算系数（表 4-3），并应在报告中注明。

表 4-3　立方体抗压强度尺寸换算系数

试件尺寸	尺寸换算系数
100 mm×100 mm×100 mm	0.95
150 mm×150 mm×150 mm	1.00
200 mm×200 mm×200 mm	1.05

（3）当混凝土强度等级大于或等于 C60 时，宜采用 150 mm×150 mm×150 mm 标准

试件，使用非标准试件时，换算系数由试验确定。

（4）以 3 个试件测量值的算术平均值为测定值，结果精确至 0.1 MPa。3 个试件测量值的最大值或最小值中如有 1 个与中间值之差超过中间值的 15%，则取中间值为测定值；如最大值和最小值与中间值的差值均超过中间值的 15%，则该组试验结果无效。

4.5.6　试验报告

试验报告应包括下列内容：要求检测的项目名称和执行标准，原材料的品种、规格和产地，仪器设备的名称、型号及编号，环境温度和湿度，水泥混凝土立方体抗压强度值，要说明的其他内容。

4.6　水泥混凝土弯拉强度

4.6.1　目的与适用范围

本方法规定了水泥混凝土弯拉强度的试验方法。本方法适用于各类水泥混凝土棱柱体试件。

4.6.2　仪具与材料

（1）压力机或万能试验机：应符合 4.5.2 的规定。

（2）弯拉试验装置（即三分点出双点加荷和三点自由支承式混凝土弯拉强度与弯拉弹性模量试验装置），如图 4-2 所示。

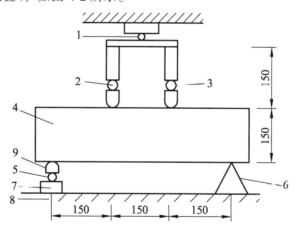

1、2—一个钢球；3、5—二个钢球；4—试件；6—固定支座；7—活动支座；
8—机台；9—活动船形垫块。

图 4-2　抗弯拉试验装置（尺寸单位：mm）

4.6.3　试件制备与养护

（1）试件尺寸应符合 4.4 中表 4-2 的规定，同时在试件长向中部 1/3 区段内表面不得有直径超过 5 mm、深度超过 2 mm 的孔洞。

（2）混凝土弯拉强度试件应以同龄期者为 1 组，每组为 3 根同条件制作和养护的试件。

4.6.4 试验步骤

（1）试件取出后，用湿毛巾覆盖并及时进行试验，保持试件干湿状态不变。在试件中部量出其宽度和高度，精确至 1 mm。

（2）调整两个可移动支座，将试件安放在支座上，试件成型时的侧面朝上，几何对中后，应使支座及承压面与活动船形垫块的接触面平稳、均匀，否则应垫平。

（3）加荷时，应保持均匀、连续。当混凝土的强度等级小于 C30 时，加荷速度为 0.02 MPa/s~0.05 MPa/s；当混凝土的强度等级大于或等于 C30 且小于 C60 时，加荷速度为 0.05 MPa/s~0.08 MPa/s；当混凝土的强度等级大于或等于 C60 时，加荷速度为 0.08 MPa/s~0.10 MPa/s。当试件接近破坏而开始迅速变形时，不得调整试验机油门，直至试件破坏，记下破坏极限荷载 F。

（4）记录下最大荷载和试件下边断裂的位置。

4.6.5 结果计算

（1）当断面发生在两个加荷点之间时，试件的弯拉强度按式（4-3）计算，结果计算精确至 0.01MPa。

$$f_f = \frac{FL}{bh^2} \tag{4-3}$$

式中：f_f——试件的弯拉强度（MPa）；

F——极限荷载（N）；

L——支座间距离（mm）；

b——试件宽度（mm）；

h——试件高度（mm）。

（2）采用 100 mm×100 mm×400 mm 非标准试件时，在三分点加荷的试验方法同前，但所取得的弯拉强度值应乘以尺寸换算系数 0.85。当混凝土强度等级大于或等于 C60 时，应采用 150 mm×150 mm×550 mm 标准试件。

（3）以 3 个试件测量值的算术平均值为测定值。3 个试件测量值的最大值或最小值中如有一个与中间值之差超过中间值的 15%，则把最大值和最小值舍去，以中间值作为试件的弯拉强度。如有两个测量值与中间值的差值均超过中间值的 15%时，则该组试验结果无效。

（4）3 个试件中如有一个断裂面位于加荷点外侧，则混凝土弯拉强度按另外两个试件的试验结果计算。如这两个测量值的差值不大于这两个测量值中最小值的 15%时，则以两个测量值的平均值为测试结果，否则结果无效。如有两个试件均出现断裂面位于加荷点外侧的情况，则该组结果无效。

4.6.6　试验报告

试验报告应包括下列内容：要求检测的项目名称和执行标准，原材料的品种、规格和产地，试验日期及时间，仪器设备的名称、型号及编号，环境温度和湿度，水泥混凝土弯拉强度值，要说明的其他内容。

？ 思考题

（1）简述机械搅拌和人工拌和混凝土拌合物的区别。

（2）简述坍落度仪法测试步骤及其注意事项。

（3）测试混凝土拌合物体积密度时，不同坍落度混凝土应如何装填容量筒？

（4）试描述水泥混凝土立方体抗压强度试件的尺寸、制作方法。

（5）试描述水泥混凝土立方体抗压强度试件的养护条件和养护方法。

（6）试分析水泥混凝土立方体抗压强度的测试注意事项。

（7）水泥混凝土立方体抗压强度如何计算和取值？

（8）水泥混凝土立方体弯拉强度如何计算和取值？

5 沥青试验

5.1 针入度

5.1.1 目的与适用范围

本方法适用于测定道路石油沥青、聚合物改性沥青针入度以及液体石油沥青蒸馏或乳化沥青蒸发后残留物的针入度，以 0.1 mm 计。其标准试验条件为温度 25 ℃、荷重 100 g、贯入时间 5 s。

针入度指数 PI 用以描述沥青的温度敏感性，宜在 15 ℃、25 ℃、30 ℃等 3 个或 3 个以上温度条件下测定针入度后按规定的方法计算得到，若 30 ℃时的针入度过大，可采用 5 ℃代替。当量软化点 T_{800} 是相当于沥青针入度为 800 时的温度，用以评价沥青的高温稳定性。当量脆点 $T_{1.2}$ 是相当于沥青针入度为 1.2 时的温度，用以评价沥青的低温抗裂性能。

5.1.2 仪具与材料

（1）针入度仪：为提高测试精度，针入度试验宜采用能够自动计时的针入度仪进行测定，要求针和针连杆在无明显摩擦下垂直运动，针的贯入深度必须准确至 0.1 mm。针和针连杆组合件总质量为 50 g±0.05 g，另附 50 g±0.05 g 砝码一只，试验时总质量为 100 g±0.05 g。仪器应有放置平底玻璃保温皿的平台，并有调节水平的装置，针连杆应与平台相垂直。应有针连杆制动按钮，使针连杆可自由下落。针连杆应易于装拆，以便检查其质量。仪器还设有可自由转动与调节距离的悬臂，其端部有一面小镜或聚光灯泡，借以观察针尖与试样表面接触情况。当为自动针入度仪时，各项要求与此项相同，温度采用温度传感器测定，针入度值采用位移计测定，并能自动显示或记录，且应对自动装置的准确性进行经常校验。当采用其他试验条件时，应在试验结果中注明。

（2）标准针：由硬化回火的不锈钢制成，洛氏硬度为 HRC54 ~ HRC60，表面粗糙度为 R_a0.2 μm ~ 0.3 μm，针及针杆总质量为 2.5 g±0.05 g，针杆上应打印有号码标志。针应设有固定用装置盒（筒），以免碰撞针尖。每根针必须附有计量部门的检验单，并定期进行检验。其尺寸及形状如图 5-1 所示。

（3）盛样皿：金属制，圆柱形平底。小盛样皿的内径为 55 mm，深 35 mm（适用于针入度小于 200 的试样）；大盛样皿内径为 70 mm，深 45 mm（适用于针入度为 200 ~

350 的试样）；对针入度大于 350 的试样需使用特殊盛样皿，其深度不小于 60 mm，试样体积不少于 125 mL。

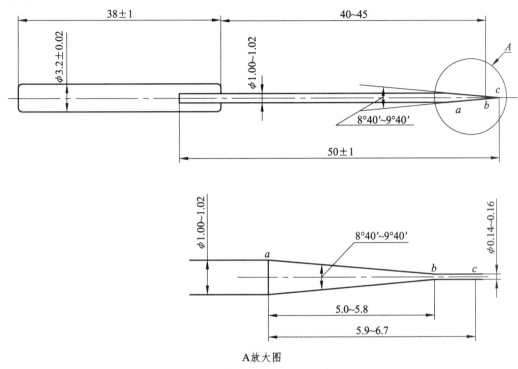

A放大图

图 5-1 针入度标准针（尺寸单位：mm）

（4）恒温水槽：容量不少于 10 L，控温的准确度为 0.1 ℃。水槽中应设有一带孔的搁架，位于水面下不得少于 100 mm，距水槽底不得少于 50 mm 处。

（5）平底玻璃皿：容量不少于 1 L，深度不少于 80 mm。内设有一不锈钢三脚支架，能使盛样皿稳定。

（6）其他：温度计或温度传感器（精度为 0.1 ℃）、计时器（精度为 0.1 s）、位移计或位移传感器（精度为 0.1 mm）、盛样皿盖（直径不小于盛样皿开口尺寸的平板玻璃）、溶剂（三氯乙烯等）、电炉或砂浴、石棉网、金属锅或瓷把坩埚等。

5.1.3 准备工作与试验步骤

1. 准备工作

按规定的方法准备沥青试样，按试验要求将恒温水槽调节到要求的试验温度 25 ℃，或 15 ℃、30 ℃（5 ℃），保持稳定。

将试样注入盛样皿中，试样高度应超过预计针入度值 10 mm，并盖上盛样皿，以防落入灰尘。盛有试样的盛样皿在 15 ℃～30 ℃室温中冷却不少于 1.5 h（小盛样皿）、2 h（大盛样皿）或 3 h（特殊盛样皿）后，应移入保持规定试验温度±0.1 ℃的恒温水槽中，并应保温不少于 1.5 h（小盛样皿）、2 h（大盛样皿）或 2.5 h（特殊盛样皿）。

调整针入度仪使之水平。检查针连杆和导轨，以确认无水和其他外来物，无明显摩擦。用三氯乙烯或其他溶剂清洗标准针，并擦干。将标准针插入针连杆，用螺丝固紧。按试验条件加上附加砝码。

2. 试验步骤

取出达到恒温的盛样皿，并移入水温控制在试验温度±0.1 ℃（可用恒温水槽中的水）的平底玻璃皿中的三脚支架上，试样表面以上的水层深度不少于 10 mm。

将盛有试样的平底玻璃皿置于针入度仪的平台上。慢慢放下针连杆，用适当位置的反光镜或灯光反射观察，使针尖恰好与试样表面接触。将位移计或刻度盘指针复位为零。

开始试验，按下释放键，这时计时与标准针落下贯入试样同时开始，至 5 s 时自动停止。读取刻度盘指针或位移指示器的读数，准确至 0.1 mm。同一试样平行试验至少 3 次，各测试点之间及与盛样皿边缘的距离不应少于 10 mm。每次试验后应将盛有盛样皿的平底玻璃皿放入恒温水槽，使平底玻璃皿中水温保持试验温度。每次试验应换一根干净标准针或将标准针取下用蘸有三氯乙烯溶剂的棉花或布揩净，再用干棉花或布擦干。

测定针入度大于 200 的沥青试样时，至少用 3 支标准针，每次试验后将针留在试样中，直至 3 次平行试验完成后，才能将标准针取出。测定针入度指数 PI 时，按同样的方法在 15 ℃、25 ℃、30 ℃（或 5 ℃）3 个温度条件下分别测定沥青的针入度，但用于仲裁试验的温度条件应为 5 个。

5.1.4 结果计算

（1）针入度。计算 3 次试验结果的平均值，取整数作为针入度试验结果，以 0.1 mm 计。同一试样 3 次平行试验结果的最大值和最小值之差应满足表 5-1 的误差要求，当试验值不符合此要求时，应重新进行试验。

表 5-1　针入度试验误差要求

针入度/0.1 mm	0~49	50~149	150~249	250~500
允许误差/0.1 mm	2	4	12	20

（2）针入度指数、当量软化点和当量脆点（公式法）。

将 3 个或 3 个以上不同温度条件下测试的针入度值取对数，令 $y = \lg P$，$x = T$，按式（5-1）的针入度对数与温度的直线关系，进行 $y = a + bx$ 一元一次方程的直线回归，求取针入度温度指数 $A_{\lg Pen}$。按式（5-1）回归时必须进行相关性检验，直线回归相关系数 R 不得小于 0.997（置信度 95%），否则试验无效。

$$\lg P = K + A_{\lg Pen} T \tag{5-1}$$

式中：$\lg P$——不同温度条件下测得的针入度值的对数；

$A_{\lg Pen}$——回归方程的系数 b；

K——回归方程的常数项 a；

T——试验温度（℃）。

按式（5-2）确定沥青的针入度指数，并记为 PI。

$$PI = \frac{20 - 500 A_{\lg Pen}}{1 + 50 A_{\lg Pen}} \tag{5-2}$$

按式（5-3）确定沥青的当量软化点 T_{800}。

$$T_{800} = \frac{\lg 800 - K}{A_{\lg Pen}} = \frac{2.9031 - K}{A_{\lg Pen}} \tag{5-3}$$

按式（5-4）确定沥青的当量脆点 $T_{1.2}$。

$$T_{1.2} = \frac{\lg 1.2 - K}{A_{\lg Pen}} = \frac{0.0792 - K}{A_{\lg Pen}} \tag{5-4}$$

按式（5-5）确定沥青的塑性范围 ΔT。

$$\Delta T = T_{800} - T_{1.2} = \frac{2.8239}{A_{\lg Pen}} \tag{5-5}$$

5.1.5　试验报告

（1）应报告标准温度（25 ℃）时的针入度以及其他试验温度 T 所对应的针入度，及由此求取针入度指数 PI、当量软化点 T_{800}、当量脆点 $T_{1.2}$ 的方法和结果。当采用公式计算法时，应报告按式（5-1）回归的直线相关系数 R。

（2）同一试样 3 次平行试验结果的最大值和最小值之差在表5-1所列允许范围内时，计算 3 次试验结果的平均值，取整数作为针入度试验结果，以 0.1 mm 计。当试验值不符合此要求时，应重新进行试验。

5.1.6　允许误差

（1）当试验结果小于 50（0.1 mm）时，重复性试验的允许误差为 2（0.1 mm），再现性试验的允许误差为 4（0.1 mm）。

（2）当试验结果大于或等于 50（0.1 mm）时，重复性试验的允许误差为平均值的 4%，再现性试验的允许误差为平均值的 8%。

5.2 软化点（环球法）

5.2.1 目的与适用范围

本方法适用于测定道路石油沥青、聚合物改性沥青的软化点，也适用于测定液体石油沥青、煤沥青蒸馏残留物或乳化沥青蒸发残留物的软化点。

5.2.2 仪具与材料

（1）软化点试验仪：如图 5-2 所示。软化点由下列部件组成：

①钢球：直径 9.53 mm，质量 3.5 g±0.05 g。

②试样环：由黄铜或不锈钢等制成，形状和尺寸如图 5-3 所示。

③钢球定位环：由黄铜或不锈钢制成，形状和尺寸如图 5-4 所示。

④金属支架：由两个主杆和 3 层平行的金属板组成。上层为一圆盘，直径略大于烧杯直径，中间有一圆孔，用以插放温度计。中层板上有两个孔，各放置金属环，中间有一小孔可支持温度计的测温端部。一侧立杆距环上面 51 mm 处刻有水高标记。支持温度计的测温端部。一侧立杆距环上面 51 mm 处刻有水高标记。环下面距下层底板为 25.4 mm，而下底板距烧杯底不少于 12.7 mm，也不得大于 19 mm。3 层金属板和两个主杆由两螺母固定在一起。

⑤耐热玻璃烧杯：容量 800 mL~1000 mL，直径不小于 86 mm，高不小于 120 mm。

⑥温度计：量程 0 ℃~100 ℃，分度值 0.5 ℃。

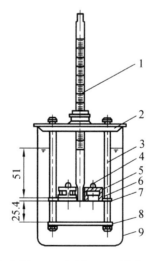

1—温度计；2—上盖板；3—立杆；4—钢球；5—钢球定位环；

6—金属环；7—中层板；8—下底板；9—烧杯。

图 5-2 软化点试验仪（尺寸单位：mm）

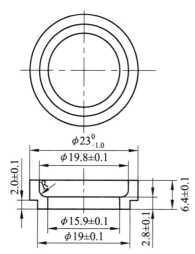

图 5-3 试样环（尺寸单位：mm）

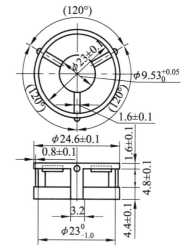

图 5-4 钢球定位环（尺寸单位：mm）

（2）装有温度器的电炉或其他加热炉具（液化石油气、天然气等）。应采用带有振荡搅拌器的加热电炉，振荡子置于烧杯底部。

（3）当采用自动软化点仪器时，各项要求应与（1）及（2）相同，温度采用温度传感器测定，并能自动显示或记录，且应对自动装置的准确性进行经常校验。

（4）试样底板：金属板（表面粗糙度应达 $R_a 0.8\ \mu m$）或玻璃板。

（5）恒温水槽：控温的准确度为±0.5 ℃。

（6）其他：甘油、滑石粉隔离剂（甘油与滑石粉的质量比为 2∶1）、平直刮刀、蒸馏水或纯净水、石棉网。

5.2.3 准备工作与试验步骤

1. 准备工作

将试样环置于涂有甘油滑石粉隔离剂的试样底板上，按规定的方法制备好沥青试样，将沥青试样徐徐注入试样环内至略高出环面为止。如估计试样软化点高于 120 ℃，则试样环和试样底板（不用玻璃板）均应预热至 80 ℃~100 ℃。试样在室温下冷却 30 min 后，用热刮刀刮除环面上的试样，使其与环面齐平。

2. 试验步骤

（1）试样软化点在 80 ℃以下者：

将装有试样的试样环连同试样底板置于装有 5 ℃±0.5 ℃水的恒温水槽中至少 15 min，同时将金属支架、钢球、钢球定位环等亦置于相同水槽中。烧杯内注入新煮沸并冷却至 5 ℃的蒸馏水，水面略低于立杆上的深度标记。

从恒温水槽中取出盛有试样的试样环放置在支架中层板的圆孔中，套上定位环；然后将整个环架放入烧杯中，调整水面至深度标记，并保持水温为 5 ℃±0.5 ℃。环架上任何部分不得附有气泡。将 0 ℃~100 ℃的温度计由上层板中心孔垂直插入，使端部测温头底部与试样环下面齐平。

将盛有水和环架的烧杯移至放有石棉网的加热炉具上，然后将钢球放在定位环中间的试样中央，立即开动振荡搅拌器，使水微微振荡，并开始加热，使杯中水温在 3min 内调节至维持每分钟上升 5 ℃±0.5 ℃。在加热过程中，应记录每分钟上升的温度值，如温度上升速度超出此范围时，试验应重做。

试样受热软化逐渐下坠，至与下层底板表面接触时，立即读取温度，准确至 0.5 ℃。

（2）试样软化点高于 80 ℃以上者：

将装有试样的试样环连同试样底板置于装有 32 ℃±1 ℃甘油的恒温槽中至少 15 min，同时将金属支架、钢球、钢球定位环等亦置于甘油中。在烧杯内注入预先加热至 32 ℃的甘油，其液面略低于立杆上的深度标记。

从恒温槽中取出装有试样的试样环，按上述方法（试样软化点在 80 ℃以下者）进行测定，准确至 1 ℃。

5.2.4 试验报告

同一试样平行试验两次，当两次测定值的差值符合重复性试验精密度要求时，取其平均值作为软化点试验结果，准确至 0.5 ℃。

5.2.5 允许误差

（1）当试样软化点小于 80 ℃时，重复性试验的允许误差为 1 ℃，再现性试验的允许误差为 4 ℃。

（2）当试样软化点大于或等于 80 ℃时，重复性试验的允许误差为 2 ℃，再现性试验的允许误差为 8 ℃。

5.3 延 度

5.3.1 目的与适用范围

本方法适用于测定道路石油沥青、聚合物改性沥青、液体石油沥青蒸馏残留物和乳化沥青蒸发残留物等材料的延度。沥青延度的试验温度与拉伸速率可根据要求采用，通常采用的试验温度为 25 ℃、15 ℃、10 ℃或 5 ℃，拉伸速度为 5 cm/min±0.25 cm/min。当低温拉伸速度采用 1 cm/min±0.05 cm/min 时，应在报告中注明。

5.3.2 仪具与材料

（1）延度仪：延度仪的测量长度不宜大于 150 cm，仪器应有自动控温、控速系统。应满足试件浸没于水中，能保持规定的试验温度及规定的拉伸速度拉伸试件，且试验时应无明显振动。该仪器的形状及组成如图 5-5 所示。

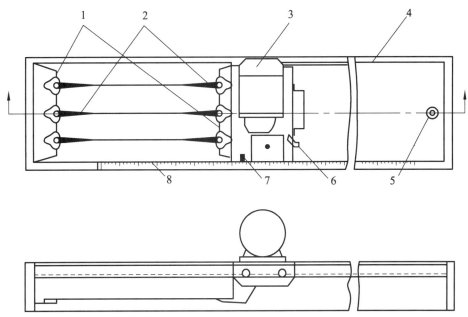

1—试模；2—试样；3—电机；4—水槽；5—泄水孔；6—开关柄；7—指针；8—标尺。

图 5-5　延度仪

（2）试模：由黄铜制成，由两个端模和两个侧模组成，试模内侧表面粗糙度 R_a0.2 μm。其形状及尺寸如图 5-6 所示。

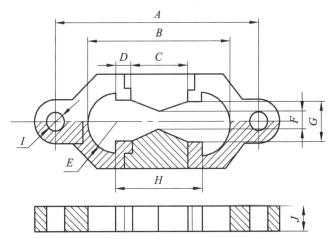

A—两端模环中心点距离 111.5 mm~113.5 mm；B—试件总长 74.5 mm~75.5 mm；

C—端模间距 29.7 mm~30.3 mm；D—肩长 6.8 mm~7.2 mm；E—半径 15.75 mm~16.25 mm；

F—最小横断面宽 9.9 mm~10.1 mm；G—端模口宽 19.8 mm~20.2 mm；

H—两半圆心间距离 42.9 mm~43.1 mm；I—端模孔直径 6.5 mm~6.7 mm；

J—厚度 9.9 mm~10.1 mm。

图 5-6　延度仪试模

（3）恒温水槽：容量不少于 10 L，控制温度的准确度为 0.1 ℃。水槽中应设有带孔搁架，搁架距水槽底不得少于 50 mm。试件浸入水中深度不小于 100 mm。

（4）温度计：量程 0 ℃~50 ℃，分度值 0.1 ℃。

（5）其他：甘油滑石粉隔离剂（甘油与滑石粉的质量比为 2∶1）、砂浴或其他加热炉具、平刮刀、石棉网、酒精、食盐等。

5.3.3　准备工作与试验步骤

1. 准备工作

将隔离剂拌和均匀，涂于清洁干燥的试模底板和两个侧模的内侧表面，并将试模在试模底板上装妥。

按规定的方法准备沥青试样，然后将试样仔细自试模的一端至另一端往返数次缓缓注入模中，最后略高出试模。灌模时应注意勿使气泡混入。试件在室温中冷却不少于 1.5 h，然后用热刮刀刮除高出试模的沥青，使沥青面与试模面齐平。沥青的刮法应自试模的中间刮向两端，且表面应刮得平滑。将试模连同底板再放入规定试验温度的水槽中保温 1.5 h。

检查延度仪延伸速度是否符合规定要求，然后移动滑板使其指针正对标尺的零点。将延度仪注水，并保温达到试验温度±0.1 ℃。

2. 试验步骤

将保温后的试件连同底板移入延度仪的水槽中，然后将盛有试样的试模自玻璃板或不锈钢板上取下，将试模两端的孔分别套在滑板及槽端固定板的金属柱上，并取下侧模。水面距试件表面应不小于 25 mm。

开动延度仪，并注意观察试样的延伸情况。此时应注意，在试验过程中，水温应始终保持在试验温度规定范围内，且仪器不得有振动，水面不得有晃动，当水槽采用循环水时，应暂时中断循环，停止水流。在试验中，如发现沥青细丝浮于水面或沉入槽底时，则应在水中加入酒精或食盐，调整水的密度至与试样相近后，重新试验。

试件拉断时，读取指针所指标尺上的读数，以厘米（cm）计。在正常情况下，试件延伸时应成锥尖状，拉断时实际断面接近于零。如不能得到这种结果，则应在报告中注明。

5.3.4　试验报告

同一样品，每次平行试验不少于 3 个，如 3 个测定结果均大于 100 cm，试验结果记作">100 cm"；有特殊需要时也可分别记录实测值。在 3 个测定结果中，当有 1 个以上的测定值小于 100 cm 时，若最大值或最小值与平均值之差满足重复性试验要求，则取 3 个测定结果的平均值的整数作为延度试验结果，若平均值大于 100 cm，则记作 ">100 cm"；若最大值或最小值与平均值之差不符合重复性试验要求时，试验应重新进行。

5.3.5 允许误差

当试验结果小于 100 cm 时，重复性试验的允许误差为平均值的 20%，再现性试验的允许误差为平均值的 30%。

? 思考题

（1）什么是沥青的针入度？针入度试验是条件性试验，其条件是指什么？

（2）简述影响沥青针入度结果的试验因素。

（3）什么是沥青的软化点？简述软化点对于工程的意义。

（4）简述软化点试验的试样制备过程及注意事项。

（5）什么是沥青的延度？延度的试验条件包括哪些？

（6）简述延度试验的试样制备过程及注意事项。

（7）延度试验过程中会出现沥青细丝浮于水面或沉入槽底的现象，可能会对延度结果造成什么影响？分析这种现象产生的原因并提出解决措施。

6　沥青混合料试验

6.1　沥青混合料试件制作（击实法）

6.1.1　目的与适用范围

本方法适用于采用标准击实法或大型击实法制作沥青混合料试件，以供实验室进行沥青混合料物理力学性质试验使用。

标准击实法适用于标准马歇尔试验、间接抗拉试验（劈裂法）等所使用的 ϕ 101.6 mm×63.5 mm 圆柱体试件的成型。大型击实法适用于大型马歇尔试验和 ϕ 152.4 mm×95.3 mm 大型圆柱体试件的成型。当集料公称最大粒径小于或等于 26.5 mm 时，采用标准击实法，一组试件的数量不少于 4 个；当集料公称最大粒径大于或等于 26.5 mm 时，宜采用大型击实法，一组试件的数量不少于 6 个。

6.1.2　仪具与材料

（1）自动击实仪：击实仪应具有自动记数、控制仪表、按钮设置、复位及暂停等功能。其按用途分为以下两种：标准击实仪和大型击实仪。标准击实仪由击实锤、ϕ 98.5 mm±0.5 mm 平圆形压实头及带手柄的导向棒组成。用机械将压实锤提升，至 457.2 mm±1.5 mm 高度沿导向棒自由落下连续击实，标准击实锤质量为 4536 g±9g。大型击实仪由击实锤、ϕ 149.4 mm±0.1 mm 平圆形压实头及带手柄的导向棒组成。用机械将压实锤提升，至 457.2 mm±2.5 mm 高度沿导向棒自由落下击实，大型击实锤质量为 10210 g±10 g。

（2）试验室用沥青混合料拌和机：能保证拌和温度并充分拌和均匀，可控制拌和时间，容量不小于 10 L，如图 6-1 所示。搅拌叶自转速度 70 r/min ~ 80 r/min。公转速度 40 r/min ~ 50 r/min。

（3）试模：由高碳钢或工具钢制成。其几何尺寸如下：标准击实仪试模的内径为 101.6 mm±0.2 mm，圆柱形金属筒高 87 mm，底座直径约 120.6 mm，套筒内径为 104.8 mm、高 70 mm；大型击实仪试模的内径为 152.4 mm±0.2 mm、总高 115 mm，底座板厚 12.7 mm，直径为 172 mm，套筒外径为 165.1 mm、内径为 155.6 mm±0.3 mm，总高 83 mm。

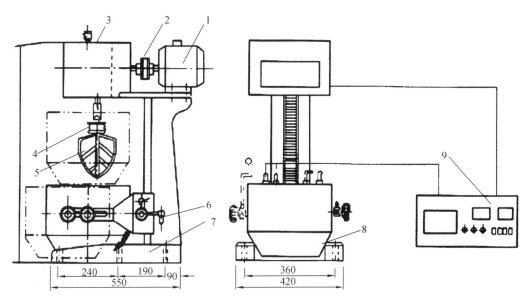

1—电机；2—联轴器；3—变速箱；4—弹簧；5—拌和叶片；6—升降手柄；

7—底座；8—加热拌和锅；9—温度时间控制仪。

图 6-1　实验室用沥青混合料拌和机（尺寸单位：mm）

（4）脱模器：电动或手动，应能无破损地推出圆柱体试件。备有标准圆柱体试件及大型圆柱体试件尺寸的推出环。

（5）烘箱：大、中型各一台，装有温度调节器。

（6）其他：天平或电子秤（用于称量沥青的，感量不大于 0.1 g；用于称量矿料的，感量不大于 0.5 g）、布洛克菲尔德黏度计、插刀或大螺丝刀、温度计（分度为 1 ℃）、电炉或煤气炉、沥青熔化锅、拌和铲、标准筛、滤纸（或普通纸）、胶布、卡尺、秒表、粉笔、棉纱等。

6.1.3　准备工作

1. 确定制作沥青混合料试件的拌和与压实温度

按现行《公路工程沥青及沥青混合料试验规程》（JTG E20）测定沥青的黏度，绘制黏温曲线。按表 6-1 的要求确定适宜于沥青混合料拌和及压实的等黏温度。

表 6-1　沥青混合料拌和及压实的沥青等黏温度

沥青结合料种类	黏度与测定方法	适宜于拌和的沥青结合料黏度/（Pa·s）	适宜于压实的沥青结合料黏度/（Pa·s）
石油沥青	表观黏度，T 0625	0.17+0.02	0.28±0.03

注：液体沥青混合料的压实成型温度按石油沥青要求执行。

当缺乏沥青黏度测定条件时，试件的拌和与压实温度可按表 6-2 选用，并根据沥青品种和标号作适当调整。针入度小、稠度大的沥青取高限，针入度大、稠度小的沥青取低限，一般取中值。

表 6-2　沥青混合料拌和及压实温度参考

沥青结合料种类	拌和温度/℃	压实温度/℃
石油沥青	140～160	120～150
改性沥青	160～175	140～170

对改性沥青，应根据实践经验、改性剂的品种和用量，适当提高混合料的拌和与压实温度；对大部分聚合物改性沥青，需要在基质沥青的基础上提高 10 ℃~20 ℃左右；掺加纤维时，尚需再提高 10 ℃左右。

常温沥青混合料的拌和及压实在常温下进行。

2. 沥青混合料试件的制作方法

在拌和厂或施工现场采取沥青混合料制作试件时，按规定的方法取样，将试样置于烘箱中加热或保温，在沥青混合料中插入温度计测量温度，待混合料温度符合要求后成型。需要拌和时可倒入已加热的室内沥青混合料拌和机中适当拌和，时间不超过 1 min。不得在电炉或明火上加热炒拌。

在实验室人工配制沥青混合料时，材料准备按下列步骤进行：首先，将各种规格的矿料置于 105 ℃±5 ℃的烘箱中烘干至恒重（一般不少于 4 h～6 h）。其次，将烘干分级的粗、细集料，按每个试件设计级配要求称其质量，在一金属盘中混合均匀，矿粉单独放入小盆里。然后置于烘箱中加热至沥青拌和温度以上约 15 ℃（采用石油沥青时通常为 163 ℃；采用改性沥青时通常需 180 ℃）备用。一般按一组试件（每组 4 个～6 个）备料。常温沥青混合料的矿料不应加热。最后，将按规定采取的沥青试样，用烘箱加热至规定的沥青混合料拌和温度，但不得超过 175 ℃。当不得已采用燃气炉或电炉直接加热进行脱水时，必须使用石棉垫隔开。

6.1.4 拌制沥青混合料

1. 黏稠石油沥青或煤沥青混合料

用蘸有少许黄油的棉纱擦净试模、套筒及击实座等，置于 100 ℃左右烘箱中加热 1 h 备用。常温沥青混合料用试模不加热。将沥青混合料拌和机提前预热至拌和温度以上 10 ℃左右。

将加热的粗细集料置于拌和机中，用小铲子适当混合；然后再加入需要数量的沥青（如沥青已称量在一专用容器内时，可在倒掉沥青后用一部分热矿粉将粘在容器壁上的沥青擦拭掉并一起倒入拌和锅中），开动拌和机一边搅拌一边使拌和叶片插入混合料中拌和 1 min～1.5 min；暂停拌和，加入加热的矿粉，继续拌和至均匀为止，并使沥青混合料保持在要求的拌和温度范围内。标准的总拌和时间为 3 min。

2. 液体石油沥青混合料

将每组（或每个）试件的矿料置于已加热至 55 ℃ ~ 100 ℃ 的沥青混合料拌和机中，注入要求数量的液体沥青，并将混合料边加热边拌和，使液体沥青中的溶剂挥发至 50% 以下。拌和时间应事先试拌决定。

3. 乳化沥青混合料

将每个试件的粗细集料，置于沥青混合料拌和机（不加热，也可用人工炒拌）中；注入计算的用水量（阴离子乳化沥青不加水）后，拌和均匀并使矿料表面完全湿润；再注入设计的沥青乳液用量，在 1 min 内使混合料拌匀；然后加入矿粉后迅速拌和，使混合料拌成褐色为止。

6.1.5 成型方法

将拌好的沥青混合料，用小铲适当拌和均匀，称取一个试件所需的用量（标准马歇尔试件约 1200 g，大型马歇尔试件约 4050 g）。当已知沥青混合料的密度时，可根据试件的标准尺寸计算并乘以 1.03 得到要求的混合料数量。当一次拌和几个试件时．宜将其倒入经预热的金属盘中，用小铲适当拌和均匀分成几份，分别取用。在试件制作过程中，为防止混合料温度下降，应连盘放在烘箱中保温。

从烘箱中取出预热的试模及套筒，用沾有少许黄油的棉纱擦拭套筒、底座及击实锤底面。将试模装在底座上，放一张圆形的吸油性小的纸，用小铲将混合料铲入试模中，用插刀或大螺丝刀沿周边插捣 15 次，中间插捣 10 次。插捣后将沥青混合料表面整平。对大型击实法的试件，混合料分两次加入，每次插捣次数同上。

插入温度计，至混合料中心附近，检查混合料温度。待混合料温度符合要求的压实温度后，将试模连同底座一起放在击实台上固定。在装好的混合料上面垫一张吸油性小的圆纸，再将装有击实锤及导向棒的压实头放入试模中。开启机器，使击实锤从 457 mm 的高度自由落下到击实规定的次数（75 次或 50 次）。对大型试件，击实次数为 75 次（相应于标准击实的 50 次）或 112 次（相应于标准击实 75 次）。

试件击实一面后，取下套筒，将试模翻面，装上套筒；然后以同样的方法和次数击实另外一面。乳化沥青混合料试件在两面击实后，将一组试件在室温下横向放置 24 h；另一组试件置于温度为 105 ℃±5 ℃ 的烘箱中养生 24 h。将养生试件取出后再立即两面锤击各 25 次。

试件击实结束后，立即用镊子取掉上下面的纸，用卡尺量取试件离试模上口的高度并由此计算试件高度。高度不符合要求时，试件应作废，并按式（6-1）调整试件的混合料质量，以保证高度符合 63.5 mm±1.3 mm（标准试件）或 95.3 mm±2.5 mm（大型试件）的要求。

$$调整后混合料质量 = \frac{要求试件高度 \times 原用混合料质量}{所得试件的高度} \qquad (6\text{-}1)$$

卸去套筒和底座，将装有试件的试模横向放置，冷却至室温后（不少于 12 h），置于脱模机上脱出试件。采用现行《公路工程沥青及沥青混合料试验规程》（JTG E20）中 T0709 现场马歇尔指标检验的试件，在施工质量检验过程中如亟须试验，允许采用电风扇冷吹 1 h 或浸水冷却 3 min 以上的方法脱模；但浸水脱模法不能用于测量密度、空隙率等各项物理指标。

将试件仔细置于干燥洁净的平面上，供试验用。

6.2 沥青混合料密度

6.2.1 表干法

1. 目的与适用范围

本方法适用于测定吸水率不大于 2%的各种沥青混合料试件，包括密级配沥青混凝土、沥青玛蹄脂碎石混合料（SMA）和沥青稳定碎石等沥青混合料试件的毛体积相对密度和毛体积密度。标准温度为 25 ℃±0.5 ℃。本方法测定的毛体积相对密度和毛体积密度适用于计算沥青混合料试件的空隙率、矿料间隙率等各项体积指标。

2. 仪具与材料

（1）浸水天平或电子秤：当最大称量在 3 kg 以下时，感量不大于 0.1 g；最大称量 3 kg 以上时，感量不大于 0.5 g。应有测量水中重的挂钩。

（2）网篮。

（3）溢流水箱：如图 6-2 所示，使用洁净水，有水位溢流装置，保持试件和网篮浸入水中后的水位一定。能调整水温至 25 ℃±0.5 ℃。

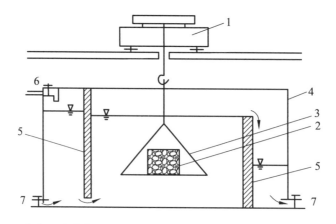

1—浸水天平或电子天平；2—试件；3—网篮；4—溢流水槽；
5—水位搁板；6—注入口；7—放水阀门。

图 6-2 溢流水槽及下挂法水中重称量方法示意图

（4）试件悬吊装置：天平下方悬吊网篮及试件的装置，吊线应采用不吸水的细尼龙线绳，并有足够的长度。对轮碾成型机成型的板块状试件可用铁丝悬挂。

（5）其他：秒表、毛巾、电扇或烘箱。

3. 方法与步骤

（1）准备试件。本试验可以采用室内成型的试件，也可以采用工程现场钻芯、切割等方法获得的试件。当采用现场钻芯取样时，应按现行《公路工程沥青及沥青混合料试验规程》（JTG E20）中 T 0710 的方法进行。试验前试件宜在阴凉处保存（温度不宜高于 35 ℃），且放置在水平的平面上，注意不要使试件产生变形。

（2）选择适宜的浸水天平或电子秤，最大称量应满足试件质量的要求。

（3）除去试件表面的浮粒，称取干燥试件的空中质量（m_a），根据选择的天平的感量读数，准确至 0.1 g 或 0.5 g。

（4）将溢流水箱水温保持在 25 ℃±0.5 ℃。挂上网篮，浸入溢流水箱中，调节水位，将天平调平并复零，把试件置于网篮中（注意不要晃动水）浸于水中 3 min~5 min，称取水中质量（m_w）。若天平读数持续变化，不能很快达到稳定，说明试件吸水较严重，不适用于此法测定，应改用现行《公路工程沥青及沥青混合料试验规程》（JTG E20）中 T 0707 的蜡封法测定。

（5）从水中取出试件，用洁净柔软的拧干湿毛巾轻轻擦去试件的表面水（不得吸走空隙内的水），称取试件的表干质量（m_f）。从试件拿出水面到擦拭结束不宜超过 5 s，称量过程中流出的水不得再擦拭。

（6）对从工程现场钻取的非干燥试件，可先称取水中质量（m_w）和表干质量（m_f），然后用电风扇将试件吹干至恒重（一般不少于 12 h，当不需进行其他试验时，也可用 60 ℃±5 ℃烘箱烘干至恒重），再称取空中质量（m_a）。

4. 结果计算

（1）按式（6-2）计算试件的吸水率，取 1 位小数。

$$S_a = \frac{m_f - m_a}{m_f - m_w} \times 100 \qquad (6\text{-}2)$$

式中：S_a——试件的吸水率（%）；

　　　m_f——试件的表干质量（g）；

　　　m_a——干燥试件的空中质量（g）；

　　　m_w——试件的水中质量（g）。

（2）按式（6-3）及式（6-4）计算试件的毛体积相对密度和毛体积密度，取 3 位小数。

$$\gamma_f = \frac{m_a}{m_f - m_w} \qquad (6\text{-}3)$$

$$\rho_f = \gamma_f \times \rho_w \tag{6-4}$$

式中：γ_f——试件毛体积相对密度，无量纲；

ρ_f——试件毛体积密度（g/cm^3）；

ρ_w——25 ℃时水的密度，取 0.997 1 g/cm^3。

（3）按式（6-5）计算试件的空隙率，取 1 位小数。

$$VV = \left(1 - \frac{\gamma_f}{\gamma_t}\right) \times 100 \tag{6-5}$$

式中：VV——试件的空隙率（%）。

γ_t——沥青混合料理论最大相对密度，按本节（7）的方法计算或实测得到，无量纲。

γ_f——试件的毛体积相对密度，无量纲，通常采用表干法测定；当试件吸水率 $S_a > 2\%$ 时，宜采用蜡封法或体积法测定；当按规定容许采用水中重法测定时，也可用采用表观相对密度代替。

（4）按式（6-6）计算矿料的合成毛体积相对密度，取 3 位小数。

$$\gamma_{sb} = \frac{100}{\dfrac{p_1}{\gamma_1} + \dfrac{p_2}{\gamma_2} + \cdots + \dfrac{p_n}{\gamma_n}} \tag{6-6}$$

式中：γ_{sb}——矿料的合成毛体积相对密度，无量纲。

p_1、p_2、$\cdots$、p_n——各种矿料占矿料总质量的百分率（%），其和为 100。

γ_1、γ_2、$\cdots$、γ_n——各种矿料的相对密度，无量纲。采用《公路工程集料试验规程》（JTG E42—2005）的方法进行测定：粗集料按 T0304 方法测定；机制砂及石屑可按 T0303 方法测定，也可以用筛出的 2.36 mm~4.75 mm 部分按 T0304 方法测定的毛体积相对密度代替；矿粉（含消石灰、水泥）采用表观相对密度。

（5）按式（6-7）计算矿料的合成表观相对密度，取 3 位小数。

$$\gamma_{sa} = \frac{100}{\dfrac{p_1}{\gamma_1'} + \dfrac{p_2}{\gamma_2'} + \cdots + \dfrac{p_n}{\gamma_n'}} \tag{6-7}$$

式中：γ_{sa}——矿料的合成表观相对密度，无量纲；

γ_1'、γ_2'、$\cdots$、γ_n'——各种矿料的表观相对密度，无量纲。

（6）确定矿料的有效相对密度，取 3 位小数。

对非改性沥青混合料，采用真空法实测理论最大相对密度，取平均值。按式（6-8）计算合成矿料的有效相对密度 γ_{se}。

$$\gamma_{se} = \frac{100 - P_b}{\dfrac{100}{\gamma_t} - \dfrac{P_b}{\gamma_b}} \qquad\qquad (6\text{-}8)$$

式中：γ_{se}——合成矿料的有效相对密度，无量纲；

P_b——沥青用量，即沥青质量占沥青混合料总质量的百分比（%）；

γ_t——实测的沥青混合料理论最大相对密度，无量纲；

γ_b——25 ℃时沥青的相对密度，无量纲。

对改性沥青及 SMA 等难以分散的混合料，有效相对密度宜直接由矿料的合成毛体积相对密度与合成表观相对密度按式（6-9）计算确定，其中沥青吸收系数 C 值根据材料的吸水率由式（6-10）求得，合成矿料的吸水率按式（6-11）计算。

$$\gamma_{se} = C\gamma_{sa} + (1 - C)\,\gamma_{sb} \qquad\qquad (6\text{-}9)$$

$$C = 0.033 w_x^2 - 0.2936 w_x + 0.9339 \qquad\qquad (6\text{-}10)$$

$$w_x = \left(\frac{1}{\gamma_{sb}} - \frac{1}{\gamma_{sa}} \right) \times 100 \qquad\qquad (6\text{-}11)$$

式中：C——沥青吸收系数，无量纲；

w_x——合成矿料的吸水率（%）。

（7）确定沥青混合料的理论最大相对密度，取 3 位小数。

对非改性的普通沥青混合料，采用真空法测沥青混合料的理论最大相对密度 γ_t。

对改性沥青或 SMA 混合料，宜按式（6-12）或式（6-13）计算沥青混合料对应油石比的理论最大相对密度。

$$\gamma_t = \frac{100 + P_a}{\dfrac{100}{\gamma_{se}} + \dfrac{P_a}{\gamma_b}} \qquad\qquad (6\text{-}12)$$

$$\gamma_t = \frac{100 + P_a + P_x}{\dfrac{100}{\gamma_{se}} + \dfrac{P_a}{\gamma_b} + \dfrac{P_x}{\gamma_x}} \qquad\qquad (6\text{-}13)$$

式中：γ_t——计算沥青混合料对应油石比的理论最大相对密度，无量纲；

P_a——油石比，即沥青质量占矿料总质量的百分比（%），

$$P_a = [P_b / (100 - P_b)] \times 100$$

P_x——纤维用量，即纤维质量占矿料总质量的百分比（%）；

γ_x——25 ℃时纤维的相对密度，由厂方提供或实测得到，无量纲；

γ_{se}——合成矿料的有效相对密度，无量纲；

γ_b——25 ℃时沥青的相对密度，无量纲。

对旧路面钻取芯样的试件，由于缺乏材料密度、配合比及油石比的沥青混合料，

可以采用真空法实测沥青混合料的理论最大相对密度 γ_t。

（8）按式（6-14）~式（6-16）计算试件的空隙率 VV、矿料间隙率 VMA 和有效沥青的饱和度 VFA，取 1 位小数。

$$VV = \left(1 - \frac{\gamma_f}{\gamma_t}\right) \times 100 \qquad (6\text{-}14)$$

$$VMA = \left(1 - \frac{\gamma_f}{\gamma_{sb}} \cdot \frac{P_s}{100}\right) \times 100 \qquad (6\text{-}15)$$

$$VFA = \frac{VMA - VV}{VMA} \times 100 \qquad (6\text{-}16)$$

式中：VV ——沥青混合料试件的空隙率（%）；

VMA ——沥青混合料试件的矿料间隙率（%）；

VFA ——沥青混合料试件的有效沥青饱和度（%）；

P_s ——各种矿料占沥青混合料总质量的百分率之和（%）；

$$P_s = 100 - P_b$$

γ_{sb} ——矿料的合成毛体积密度，无量纲。

（9）按式（6-17）~式（6-19）计算沥青混合料被矿料吸收的比例及有效沥青含量、有效沥青体积百分率，取 1 位小数。

$$P_{ba} = \frac{\gamma_{se} - \gamma_{sb}}{\gamma_{se}\gamma_{sb}} \gamma_b \times 100 \qquad (6\text{-}17)$$

$$P_{be} = P_b - \frac{P_{ba}}{100} P_s \qquad (6\text{-}18)$$

$$V_{be} = \frac{\gamma_f P_{be}}{\gamma_b} \qquad (6\text{-}19)$$

式中：P_{ba} ——沥青混合料中被矿料吸收的沥青质量占矿料总质量的百分率（%）；

P_{be} ——沥青混合料中的有效沥青含量（%）；

V_{be} ——沥青混合料试件的有效沥青体积百分率（%）。

（10）按式（6-20）计算沥青混合料的粉胶比，取 1 位小数。

$$FB = \frac{P_{0.075}}{P_{be}} \qquad (6\text{-}20)$$

式中：FB ——粉胶比，沥青混合料的矿料中 0.075 mm 通过率与有效沥青含量的比值，无量纲；

$P_{0.075}$ ——矿料级配中 0.075 mm 的通过百分率（水洗法）（%）。

（11）按式（6-21）计算集料的比表面积，按式（6-22）计算沥青混合料沥青膜有效厚度。各种集料粒径的表面积系数按表 6-3 取用。

$$SA = \sum(P_i \times FA_i) \qquad (6\text{-}21)$$

$$DA = \frac{P_{be}}{\rho_b \times P_s \times SA} \times 1000 \qquad (6\text{-}22)$$

式中：SA——集料的比表面积（m^2/kg）；

P_i——集料各粒径的质量通过百分率（%）；

FA_i——各筛孔对应集料的表面积系数（m^2/kg），按表 6-3 确定；

DA——沥青膜有效厚度（μm）；

ρ_b——沥青 25 ℃时的密度（g/cm^3）。

表 6-3　集料的表面积系数及比表面积计算示例

筛孔尺寸/mm	19	16	13.2	9.5	4.75	2.36	1.18	0.6	0.3	0.15	0.075
表面积系数/（m^2/kg）	0.0041	—	—	—	0.0041	0.0082	0.0164	0.0287	0.0614	0.1229	0.3277
集料各粒径的质量通过百分率 P_i/%	100	92	85	76	60	42	32	23	16	12	6
集料的比表面积 $FA_i \times P_i$/（m^2/kg）	0.41	—	—	—	0.25	0.34	0.52	0.66	0.98	1.47	1.97
集料的比表面积总和 SA/（m^2/kg）	$SA = 0.41 + 0.25 + 0.34 + 0.52 + 0.66 + 0.98 + 1.47 + 1.97 = 6.60$										

注：矿料级配中大于 4.75 mm 集料的表面积系数均取 0.0041。计算集料比表面积时，大于 4.75 mm 集料的比表面积只计算一次，即只计算最大粒径对应部分。表中该例 $SA = 6.60\ m^2/kg$，若沥青混合料的有效沥青含量为 4.65%，沥青混合料的沥青用量为 4.8%，沥青的密度 1.03 g/cm^3，P_s=95.2，则沥青膜有效厚度 $DA = 4.65/(95.2 \times 1.03 \times 6.60) \times 1000 = 7.19\ \mu m$。

（12）粗集料骨架间隙率按式（6-23）计算，取 1 位小数。

$$VCA_{mix} = 100 - \frac{\gamma_f}{\gamma_{ca}} P_{ca} \qquad (6\text{-}23)$$

式中：VCA_{mix}——粗集料骨架间隙率（%）；

P_{ca}——矿料中所有粗集料质量占沥青混合料总质量的百分率（%），按式（6-24）计算得到，

$$P_{ca} = P_s \times PA_{4.75}/100 \qquad (6\text{-}24)$$

其中：$PA_{4.75}$——矿料级配中 4.75 mm 筛余量，即 100 减去 4.75 mm 通过率；

注：$PA_{4.75}$ 对于一般沥青混合料为矿料级配中 4.75 mm 筛余量，对于公称最大粒径不大于 9.5 mm 的 SMA 混合料为 2.36 mm 筛余量，对特大粒径根据需要可以选择其他筛孔。

γ_{ca} ——矿料中所有粗集料的合成毛体积相对密度，按式（6-25）计算，无量纲，

$$\gamma_{ca} = \frac{P_{1c} + P_{2c} + \cdots + P_{nc}}{\dfrac{P_{1c}}{\gamma_{1c}} + \dfrac{P_{2c}}{\gamma_{2c}} + \cdots + \dfrac{P_{nc}}{\gamma_{nc}}} \quad\quad （6-25）$$

其中：P_{1c}、P_{2c}、…、P_{nc} ——矿料中各种粗集料占矿料总质量的百分率（%）；

γ_{1c}、γ_{2c}、…、γ_{nc} ——矿料中各种粗集料的毛体积相对密度，无量纲。

5. 试验报告

应在试验报告中注明沥青混合料的类型及测定密度采用的方法。

6. 允许误差

试件毛体积密度试验重复性的允许误差为 0.020 g/cm³。试件毛体积相对密度试验重复性的允许误差为 0.020。

6.2.2 水中重法

1. 目的与适用范围

本方法适用于测定吸水率小于 0.5% 的密实沥青混合料试件的表观相对密度或表观密度。标准温度为 25 ℃±0.5 ℃。当试件很密实，几乎不存在与外界连通的开口孔隙时，可采用本方法测定的表观相对密度代替按上述表干法测定的毛体积相对密度，并据此计算沥青混合料试件的空隙率、矿料间隙率等各项体积指标。

2. 仪具与材料

（1）浸水天平或电子秤：当最大称量在 3 kg 以下时，感量不大于 0.1 g；最大称量在 3 kg 以上时，感量不大于 0.5 g。应有测量水中重的挂钩。

（2）网篮。

（3）溢流水箱：使用洁净水，有水位溢流装置，保持试件和网篮浸入水中后的水位一定。能调整水温至 25 ℃±0.5 ℃。

（4）试件悬吊装置：天平下放悬吊网篮及试件的装置，吊线应采用不吸水的细尼龙线绳，并有足够的长度。对轮碾成型机成型的板块状试件可用铁丝悬挂。

（5）其他：秒表、电风扇或烘箱。

3. 方法与步骤

（1）选择适宜的浸水天平或电子秤，最大称量应满足试件质量的要求。

（2）除去试件表面的浮粒，称取干燥试件的空中质量（m_a），根据选择的天平的感量读数，准确至 0.1 g 或 0.5 g。

（3）挂上网篮，浸入溢流水箱中，调节水位，将天平调平并复零，把试件置于网篮中（注意不要使水晃动），待天平稳定后立即读数，称取水中质量（m_w）。若天平读数持续变化，不能在数秒内达到稳定，则说明试件有吸水情况，不适用于此法测定，应改用上述表干法或现行《公路工程沥青及沥青混合料试验规程》（JTG T20）中 T0707 的蜡封法测定。

（4）对从工程现场钻取的非干燥试件，可先称取水中质量（m_w）和表干质量（m_f），然后用电风扇将试件吹干至恒重（一般不少于 12 h；当不需进行其他试验时，也可用 60 ℃±5 ℃烘箱烘干至恒重），再称取空中质量（m_a）。

4. 结果计算

（1）按式（6-26）及式（6-27）计算用水中重法测定的沥青混合料试件的表观相对密度及表观密度，取 3 位小数。

$$\gamma_a = \frac{m_a}{m_a - m_w} \tag{6-26}$$

$$\rho_a = \frac{m_a}{m_a - m_w} \rho_w \tag{6-27}$$

式中：γ_a——在 25 ℃温度条件下试件的表观相对密度，无量纲；

ρ_a——在 25 ℃温度条件下试件的表观密度（g/cm³）；

m_a——干燥试件的空中质量（g）；

m_w——试件的水中质量（g）；

ρ_w——在 25 ℃温度条件下水的密度，取 0.9971 g/cm³。

（2）当试件的吸水率小于 0.5%时，以表观相对密度代替毛体积相对密度，按上述表干法的方法计算试件的理论最大相对密度及空隙率、沥青的体积百分率、矿料间隙率、粗集料骨架间隙率、沥青饱和度等各项体积指标。

5. 试验报告

应在试验报告中注明沥青混合料的类型及测定密度的方法。

6.3 沥青混合料马歇尔稳定度

6.3.1 目的与适用范围

本方法适用于马歇尔稳定度试验和浸水马歇尔热稳定度试验，以进行沥青混合料的配合比设计或沥青路面施工质量检验。浸水马歇尔稳定度试验（根据需要，也可以进行真空饱水马歇尔试验）供检验沥青混合料受水损害时抵抗剥落的能力时使用，通过测试其水稳定性检验配合比设计的可行性。本方法适用于标准马歇尔试件圆柱体和大型马歇尔试件圆柱体。

6.3.2　仪具与材料

（1）沥青混合料马歇尔试验仪：分为自动式和手动式。自动马歇尔试验仪应具备控制装置、记录荷载—位移曲线、自动测定荷载与试件的垂直变形，能自动显示和存储或打印试验结果等功能。手动式由人工操作，试验数据通过操作者目测后读取数据。对用于高速公路和一级公路的沥青混合料宜采用自动马歇尔试验仪。

当集料公称最大粒径小于或等于 26.5 mm 时，宜采用 ϕ101.6 mm×63.5 mm 的标准马歇尔试件，试验仪最大荷载不得小于 25 kN，读数准确至 0.1 kN，加载速率应能保持 50 mm/min±5 mm/min。钢球直径 16 mm±0.05 mm，上下压头曲率半径为 50.8 mm±0.08 mm。

当集料公称最大粒径大于 26.5 mm 时，宜采用 ϕ152.4 mm×95.3 mm 大型马歇尔试件，试验仪最大荷载不得小于 50 kN，读数准确至 0.1 kN。上下压头的曲率内径为 ϕ152.4 mm±0.2 mm，上下压头间距 19.05 mm±0.1 mm。大型马歇尔试件的压头尺寸如图 6-3 所示。

（2）恒温水槽：控温准确至 1 ℃，深度不小于 150 mm。

（3）真空饱水容器：包括真空泵及真空干燥器。

（4）其他：烘箱、天平（感量不大于 0.1 g）、温度计（分度值 1 ℃）、卡尺、棉纱、黄油。

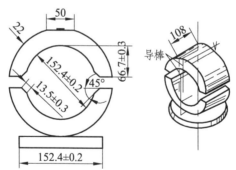

图 6-3　大型马歇尔试件的压头（尺寸单位：mm）

6.3.3　标准马歇尔试验方法

1. 准备工作

按 6.1 节标准击实法成型马歇尔试件。标准马歇尔尺寸应符合直径为 101.6 mm±0.2 mm、高 63.5 mm±1.3 mm 的要求。对大型马歇尔试件，尺寸应符合直径为 152.4 mm±0.2 mm、高 95.3 mm±2.5 mm 的要求。一组试件的数量最少不得少于 4 个，并符合 6.1 节的要求。

量测试件的直径及高度：用卡尺测量试件中部的直径，用马歇尔试件高度测定器或用卡尺在十字对称的 4 个方向量测离试件边缘 10 mm 处的高度，准确至 0.1 mm，并以其平均值作为试件的高度。如试件高度不符合 63.5 mm±1.3 mm 或 95.3 mm±2.5 mm 要求或两侧高度差大于 2 mm 时，此试件应作废。

按试验规程规定的方法测定试件的密度，并计算空隙率、沥青体积百分率、沥青饱和度、矿料间隙率等体积指标。

将恒温水槽调节至要求的试验温度，对黏稠石油沥青或烘箱养生过的乳化沥青混合料为 60 ℃±1 ℃，对煤沥青混合料为 33.8 ℃±1 ℃，对空气养生的乳化沥青或液体沥青混合料为 25 ℃±1 ℃。

2. 试验步骤

将试件置于已达规定温度的恒温水槽中保温，保温时间对标准马歇尔试件需 30 min~40 min，对大型马歇尔试件需 45 min~60 min。试件之间应有间隔，底下应垫起，距水槽底部不小于 5 cm。

将马歇尔试验仪的上下压头放入水槽或烘箱中达到同样温度。将上下压头从水槽或烘箱中取出擦拭干净内面。为使上下压头滑动自如，可在下压头的导棒上涂少量黄油。再将试件取出置于下压头上，盖上上压头，然后装在加载设备上。在上压头的球座上放妥钢球，并对准荷载测定装置的压头。

当采用自动马歇尔试验仪时，将自动马歇尔试验仪的压力传感器、位移传感器与计算机或 X-Y 记录仪正确连接，调整好适宜的放大比例，压力和位移传感器调零。当采用压力环和流值计时，将流值计安装在导棒上，使导向套管轻轻地压住上压头，同时将流值计读数调零。调整压力环中百分表，对零。

启动加载设备，使试件承受荷载，加载速度为 50 mm/min±5 mm/min。计算机或 X-Y 记录仪自动记录传感器压力和试件变形曲线并将数据自动存入计算机。当试验荷载达到最大值的瞬间，取下流值计，同时读取压力环中百分表读数及流值计的流值读数。

从恒温水槽中取出试件至测出最大荷载值的时间，不得超过 30 s。

6.3.4 浸水马歇尔试验方法

浸水马歇尔试验方法与标准马歇尔试验方法的不同之处在于，试件在已达规定温度恒温水槽中的保温时间为 48 h，其余均与标准马歇尔试验方法相同。

6.3.5 真空饱水马歇尔试验方法

试件先放入真空干燥器中，关闭进水胶管，开动真空泵，使干燥器的真空度达到 97.3 kPa（730 mmHg），维持 15 min，然后打开进水胶管，靠负压进入冷水流使试件全部浸入水中，浸水 15 min 后恢复常压，取出试件再放入已达规定温度的恒温水槽中保温 48 h。其余均与标准马歇尔试验方法相同。

6.3.6 结果计算

（1）试件的稳定度及流值。

当采用自动马歇尔试验仪时，将计算机采集的数据绘制成压力和试件变形曲线，或由 *X-Y* 记录仪自动记录的荷载-变形曲线，按图 6-4 所示的方法在切线方向延长曲线与横坐标相交于 O_1，将 O_1 作为修正原点，从 O_1 起量取相应于荷载最大值时的变形作为流值（*FL*），以毫米（mm）计，准确至 0.1 mm。最大荷载即为稳定度（*MS*），以千牛（kN）计，准确至 0.01 kN。

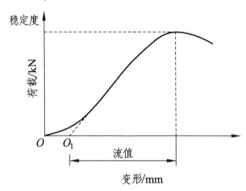

图 6-4 马歇尔试验结果的修正方法

采用压力环和流值计测定时，根据压力环标定曲线，将压力环中百分表的读数换算为荷载值，或者由荷载测定装置读取的最大值即为试样的稳定度（*MS*），以千牛（kN）计，准确至 0.01 kN。由流值计及位移传感器测定装置读取的试件垂直变形，即为试件的流值（*FL*），以毫米（mm）计，准确至 0.1 mm。

（2）试件的马歇尔模数按式（6-28）计算。

$$T = \frac{MS}{FL} \tag{6-28}$$

式中：*T*——试件的马歇尔模数（kN/mm）；

　　　MS——试件的稳定度（kN）；

　　　FL——试件的流值（mm）。

（3）试件的浸水马歇尔稳定度按式（6-29）计算。

$$MS_0 = \frac{MS_1}{MS} \times 100 \tag{6-29}$$

式中：MS_0——试件的浸水残留稳定度（%）；

　　　MS_1——试件浸水 48 h 后的稳定度（kN）。

（4）试件的真空饱水马歇尔稳定度按式（6-30）计算。

$$MS_0' = \frac{MS_2}{MS} \tag{6-30}$$

式中：MS_0'——试件的真空饱水残留稳定度（%）；

　　　MS_2——试件真空饱水后浸水 48 h 后的稳定度（kN）。

6.3.7　试验报告

（1）当一组测定值中某个测定值与平均值之差大于标准差的 k 倍时，该测定值应予舍弃，并以其余测定值的平均值作为试验结果。当试件数目 n 为 3、4、5、6 个时，k 值分别为 1.15、1.46、1.67、1.82。

（2）报告中需列出马歇尔稳定度、流值、马歇尔模数，以及试件尺寸、密度、空隙率、沥青用量、沥青体积百分率、沥青饱和度、矿料间隙率等各项物理指标。当采用自动马歇尔试验时，试验结果应附上荷载-变形曲线原件或自动打印结果。

? 思考题

（1）实验室人工配制石油沥青混合料时，应如何准备原材料？

（2）简述黏稠石油沥青混合料的拌和、击实成型步骤及注意事项。

（3）沥青混合料试样用量为 1200 g，试件高度为 65.2 mm，请问该试件是否满足规范要求？如果不满足，应如何进行调整？

（4）简述沥青混合料密度的主要测试方法种类和各自适用范围。

（5）试分析标准马歇尔试验、浸水马歇尔试验和真空饱水马歇尔试验方法的不同之处。

（6）经测试，一组沥青混合料马歇尔稳定度为 10.2、9.8、7.6、6.6（单位：kN），试计算该组沥青混合料的马歇尔稳定度结果。

参考文献

[1] 国家标准化管理委员会. 数值修约规则与极限数值的表示和判定：GB/T 8170—2008[S]. 北京：中国标准出版社，2009.

[2] 国家质量监督检验检疫总局. 通用计量术语及定义：JJF 1001—2011[S]. 北京：中国质检出版社，2012.

[3] 交通部. 公路工程岩石试验规程：JTG E41—2005[S]. 北京：人民交通出版社，2005.

[4] 交通部. 公路工程集料试验规程：JTG E42—2005[S]. 北京：人民交通出版社，2005.

[5] 国家市场监督管理总局. 建设用卵石、碎石：GB/T 14685—2022[S]. 北京：中国标准出版社，2022.

[6] 国家市场监督管理总局. 建设用砂：GB/T 14684—2022[S]. 北京：中国标准出版社，2022.

[7] 交通运输部. 公路工程水泥及水泥混凝土试验规程：JTG 3420—2020[S]. 北京：人民交通出版社，2020.

[8] 国家质量监督检验检疫总局. 水泥细度检验方法 筛析法：GB/T 1345—2005[S]. 北京：中国标准出版社，2005.

[9] 国家质量监督检验检疫总局. 水泥标准稠度用水量、凝结时间、安定性检验方法：GB/T 1346—2011[S]. 北京：中国标准出版社，2011.

[10] 国家市场监督管理总局. 水泥胶砂强度检验方法（ISO法）：GB/T 17671—2021[S]. 北京：中国标准出版社，2021.

[11] 住房和城乡建设部. 普通混凝土拌合物性能试验方法标准：GB/T 50080—2016[S]. 北京：中国建筑工业出版社，2016.

[12] 住房和城乡建设部. 混凝土物理力学性能试验方法标准：GB/T 50081—2019[S]. 北京：中国建筑工业出版社，2019.

[13] 交通运输部. 公路工程沥青及沥青混合料试验规程：JTG E20—2011[S]. 北京：人民交通出版社，2011.

建筑材料实验报告册

《建筑材料》的实验课要求

一、实验报告适用范围

本实验报告适用于开设《建筑材料实验》的专业班级，具体考核要求参照实验教学大纲要求执行。

二、实验室的纪律要求

1. 进入实验室后，要听从教师的安排，不得大声喧哗和打闹。

2. 实验开始前，应对本组所用仪器设备进行检查，如发现设备缺损或失灵时应立即报告实验室老师，不得私自拆卸。实验结束后，应将所有仪器设备归位，并检查确认设备完好无损。

3. 实验过程中，应严格按照实验操作规程进行实验，同时注意自身及周边同学安全，爱护实验仪器设备；非本次实验所用的室内其他设备，不得随便乱动。

4. 实验过程中，当出现仪器设备损坏或失灵时，应立即向实验室老师报告，由其根据学校的规定给予检查或赔偿等处理。

5. 实验结束后，各小组学生应对本组所用仪器设备、操作台及周边环境进行清理，并做好相关的内务整理。

6. 全部实验完成后，经教师检查同意方可离开实验室。

三、实验与实验报告的要求

1. 实验前要认真阅读实验指导书，熟悉实验项目、内容、方法和实验步骤。

2. 实验过程中要秉持严谨的科学态度、严肃的务实作风、严密的科学方法，认真记录好实验数据。

3. 实验课期间要认真回答实验室老师的提问，学生的回答情况作为实验课考核成绩的一部分。

4. 实验课完成后要认真填写实验报告，字迹不得潦草，内容不能缺项或漏项，计算应完整无误，同时保持实验报告的整洁。

5. 要及时完成实验报告，并在规定时间内提交。

（　　　　　　　　　　　　）

学 生 实 验 报 告

实验课程名称 _____

开课实验室 _____

_____学院_____级_____专业____班

学 生 姓 名 _____

学　　　号 _____

开 课 时 间 _____至_____学年　第_____学期

总成绩	
教师签名	
批改日期	

材料科学与工程学院

材料实验教学示范中心

水泥物理力学性能试验报告

试验日期		年　月　日	试验条件	温度：	湿度：
细　度 （筛析法）	试验次数	试样质量/g	筛余物质量/g	筛余百分率/%	测定值/%
	1				
	2				
标准稠度用水量 （标准法）	试验次数	水泥用量/g	用水量/mL	试杆距底板距离/mm	标准稠度用水量/%
	1				
	2				
	3				
	4				

标准稠度用水量 （代用法）	水泥用量/g	用水量/mL	试锥下沉深度/mm	标准稠度用水量/%	备　注
	500	142.5			

制模日期		年　月　日	试验条件	温度：	湿度：
材料组成	水泥：450 g		标准砂：1350 g	水灰比：0.5	

水泥胶砂强度 （ISO法）	试件编号	抗折强度试验			抗压强度试验		
		破坏荷载/kN	抗折强度/MPa	测定值/MPa	破坏荷载/kN	抗压强度/MPa	测定值/MPa
	1						
	2						
	3						

备　注	试验依据： 水泥品种、等级： 强度龄期：

细集料密度试验报告

试验日期	年　月　日		试验条件	温度：		湿度：	
表观密度 （容量瓶法）	试验 次数	烘干试样 质量/g	水及容量瓶总 质量/g	试样、水及容 量瓶总质量/g	表观密度 /（g/cm³）	测定值 /（g/cm³）	
	1						
	2						
堆积密度	试验次数	容量筒 体积/mL	容量筒质量/g	砂及容量筒 总质量/g	堆积密度 /（g/cm³）	测定值 /（g/cm³）	
	1						
	2						
空隙率	表观密度/（g/cm³）		堆积密度/（g/cm³）		空隙率/%		
备　注	试验依据： 集料品种：						

水泥混凝土拌合物试验报告

试验日期		年　月　日		试验条件	温度：		湿度：		
设计要求	坍落度/mm		配比设计	材料组成	水泥	细集料	粗集料	水	外加剂	W/C
	维勃稠度/s			相对用量						
	强度等级			单方用量/kg						
	耐久性			理论密度/（kg/m³）						

试拌记录	和易性调整	拌和体积/L	材料实际用量/kg					和易性评定		
			水泥	细集料	粗集料	水	外加剂	坍落度/mm	黏聚性	保水性
	初拌									
	第1次调整									
	第2次调整									
	调整后材料实际用量							调整后理论密度/（kg/m³）		
	调整后材料配比（相对用量）	1								

体积密度	试验次数	容量筒体积/L	容量筒质量/kg	混凝土和容量筒总质量/kg	体积密度/（kg/m³）	测定值/（kg/m³）
	1					
	2					

实际单方用量/kg	水泥	细集料	粗集料	水	外加剂

备注	试验依据： 材料品种、等级：

混凝土力学性能试验报告

试验日期		年　月　日	试验条件	温度：	湿度：
试件制作	试件尺寸	立方体抗压强度试件		抗折强度试件	
	成型方法		养护条件	温度：	湿度：
立方体抗压强度	制样日期	年　月　日	强度龄期/d		
	试件编号	受压面积/mm^2	破坏荷载/kN	立方体抗压强度/MPa	测定值/MPa
	1				
	2				
	3				
抗折强度	制样日期	年　月　日	强度龄期/d		
	试件编号	支座间距/mm	破坏荷载/kN	抗折强度/MPa	测定值/MPa
	1				
	2				
	3				
备　注	试验依据： 混凝土强度等级：				

石油沥青三大指标试验报告

试验日期	年 月 日		试验环境		温度：		湿度：

	试验次数	试验条件			针入度/（0.1 mm）	测定值/（0.1 mm）
针入度		温度/℃	试针荷重/g	贯入时间/s		
	1					
	2					
	3					

	试件编号	温度上升记录/℃							软化点/℃	测定值/℃
软化点（环球法）		起始温度	第min末	第min末	第min末	第min末	第min末	第min末		
	1									
	2									

	试件编号	试验条件		延度/cm	测定值/cm
延度		试验温度/℃	拉伸速度/（cm/min）		
	1				
	2				
	3				

备注	试验依据： 沥青品种、等级：

沥青混合料试验报告

	制作参数		拌和温度/℃	击实温度/℃	击实次数/次	沥青用量/%
	试件编号		1	2	3	4
试件制作 （击实法）	试件 高度 /mm	对称 4处				
	平均值					
混合料密度 （水中重法）	试件编号		1	2	3	4
	干燥试件质量/g					
	试件在水中的质量/g					
	水的密度/（g/cm³）					
	表观密度/（g/cm³）					
体积指标	试件编号		1	2	3	4
	理论最大密度/（g/cm³）					
	空隙率 VV/%					
	矿料间隙率 VMA/%					
	沥青饱和度 VFA/%					
马歇尔指标	试件编号		1	2	3	4
	马歇尔稳定度/kN					
	测定值/kN					
	流值/mm					
	测定值/mm					
备 注	试验依据： 材料品种、等级：					